室内设计与空间艺术表达研究

赵时珊◎著

中国戏剧出版社

图书在版编目（CIP）数据

室内设计与空间艺术表达研究 / 赵时珊著 . -- 北京：
中国戏剧出版社 , 2021.12
ISBN 978-7-104-05181-7

Ⅰ . ①室… Ⅱ . ①赵… Ⅲ . ①室内装饰设计－研究
Ⅳ . ① TU238.2

中国版本图书馆 CIP 数据核字 (2021) 第 259809 号

室内设计与空间艺术表达研究

责任编辑： 邢俊华
责任印制： 冯志强

出版发行： 中国戏剧出版社
出 版 人： 樊国宾
社　　址： 北京市西城区天宁寺前街 2 号国家音乐产业基地 L 座
邮　　编： 100055
网　　址： www. theatrebook. cn
电　　话： 010-63385980（总编室）　　010-63381560（发行部）
传　　真： 010-63381560

读者服务： 010-63381560
邮购地址： 北京市西城区天宁寺前街 2 号国家音乐产业基地 L 座

印　　刷： 天津和萱印刷有限公司
开　　本： 787mm × 1092mm 1 / 16
印　　张： 11
字　　数： 197 千字
版　　次： 2021 年 12 月　北京第 1 版第 1 次印刷
书　　号： ISBN 978-7-104-05181-7
定　　价： 72.00 元

前　言

近年来，随着物质生活的不断发展，人们对于精神生活的追求也越来越积极主动，就室内设计而言，人们不仅追求简单的室内装饰效果，更追求一种艺术表达，室内设计是用材料的选择和搭配来营造空间的，传统室内设计是对空间结构、装饰材质、色彩等相关元素的灵活组合，从而实现不同的视觉效果，其中色彩是室内设计中的重要元素之一，通过多元化的室内色彩搭配，能够实现室内环境氛围的调节，使人能够感受到色彩带来的温度变化，进而产生心理层面上的影响。在室内设计中，色彩搭配有一定的复杂性，通常情况下，设计师需要准确把握色彩的色相、饱和度与亮度三个维度，来满足人们日渐挑剔的审美要求。

本书第一章为室内设计思维理论研究，主要介绍了室内设计思维含义阐释、室内设计思维方法解析、室内设计思维元素的运用；第二章为室内设计思维发展历程，分别介绍了史前时期室内设计思维、古典主义时期室内设计思维、新古典主义时期室内设计思维、现代主义时期室内设计思维四个方面内容；第三章内容为空间内的艺术风格，分别介绍了改良的维多利亚风格、简约的现代主义风格、写实的波普艺术风格、多元的后现代主义风格四个方面的内容；第四章为空间内的色彩运用，讲述了色彩与情绪表达、色彩的象征意义、色彩与空间感受三个方面的内容；第五章为室内设计的装饰思维，依次介绍了视觉语言的表现手法、装饰材质的应用、光照效果的应用、传统工艺的应用四个方面的内容；第六章为室内设计的案例分析，主要介绍了公寓室内设计与办公场所室内设计两个方面的内容。

在撰写本书的过程中，作者得到了许多专家学者的帮助和指导，参考了大量的学术文献，在此表示真诚的感谢。本书内容系统全面，论述条理清晰、深入浅出，但由于作者水平有限，书中难免会有疏漏之处，希望广大同行及时指正。

作者

2021 年 6 月

目　录

室内设计与空间艺术表达研究

第一章 室内设计思维理论研究

本章为本书的第一章，因此从室内设计的基础理论谈起，第一节为室内设计思维的含义阐释，第二节为室内设计思维方法解析，第三节为室内设计思维元素的应用，通过这三节内容来对室内设计做基础介绍。

第一节 室内设计思维含义阐释

居所是我们最为熟悉的居住场所，这个环境是一个让我们感到温馨的场地，这个环境成了我们心理上至关重要的容器。当我们进入一个室内环境时，需要经历一个从陌生到熟悉的过程，进入这个环境后，我们由陌生开始逐渐熟悉，并且我们期望在这个场所内得到被保护的感觉。我们在室内出生，婴孩时期成长于室内，并在室内环境中形成了独一无二的自我。在我们认识到还有其他空间以前，我们曾经生活在那里。不管日后我们对于其他场所产生了多么浓厚的兴趣，比如商贸场所、公共环境、银行、运动场、剧院或咖啡馆（图1-1-1），我们对于这些非居所性室内环境的感觉将不可避免地受到我们首次居所环境经验的影响。这最初的家居经验无所不在，无论是在我们的记忆或是梦中，甚至是在潜意识里。

图 1-1-1　城市咖啡馆

1

室内设计这一概念并不是近年来新兴的概念，在史前时期，人已经有了对居住场所进行设计的意识，虽然那时室内设计的概念并不明晰，但是这种行为已经存在了数千年。从远古时代人类居住的建筑中，我们已经发现了人们对室内环境进行"设计"的迹象。例如，古埃及神庙中的壁画和石雕，已具备了室内设计的雏形，但不能认为是严格意义上的室内设计。

在进行室内设计的概念解释前，我们首先要区分"室内设计"与"室内装饰"的不同，虽然看起来它们的目的与效果是一致的，但是内在含义还是略有不同，需要我们得到一个清晰完整的认识。究其原因，主要在于人们对室内设计的工作目标、工作范围没有一个准确的认识。我们知道，室内设计是从建筑设计领域中分离出来的一门新兴学科，它的工作目标、工作范围与建筑学、人体工程学、艺术学和环境科学等相关学科有着千丝万缕的联系，这使其在理论和实践上带有交叉学科的某些特征。从严格意义上讲，装饰和装潢的原意是指对"器物或商品外表"的"修饰"，着重从外表的、视觉艺术的角度来探讨和研究问题，例如对室内地面、墙面、顶棚等各界面的处理；装饰材料的选用，也可能包括对家具、灯具、陈设和小品的选用、配置和设计。一个室内空间只有装修施工到位，人居环境良好，装饰体现意蕴内涵才可以发挥它的魅力。室内装修与装饰或装潢有着本质的区别。室内装修着重于工程技术、施工工艺和构造做法等方面，顾名思义主要是指土建工程施工完成之后，对室内各个界面、门窗、隔断等最终的装修。室内设计不仅对外在的装饰进行设计，同时需要利用建筑学原理根据室内空间的使用目的，进行功能性的划分，利用室内设计的原则，根据建筑美学的原理对建筑空间进行合理并且又美观的划分。在进行设计后的建筑空间既要符合人体的生活需要，便利的生活，同时还应该尽可能地满足人们的审美需求，这一空间是集审美与使用价值于一体的，同时还需体现出使用者的精神价值（图 1-1-2）。

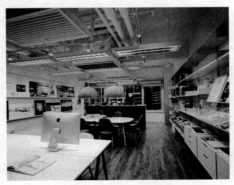

图 1-1-2　某设计工作室室内设计展示图

2

现代的室内设计是一个综合的设计学科，它包括视觉环境设计和工程技术方面的设计，在大家的公认的概念中，室内设计的目的是：创造满足人们物质和精神生活需要的室内环境，所以在满足精神和物质需求需要利用声、光、热等物理条件营造出适宜的氛围和意境，体现出想要表达的文化内涵。

室内设计要以人为本，一切围绕"为人营造美好的室内环境"这一中心。1974年版的《大英百科全书》对室内设计做了如下解释："人类创造愉快环境的欲望虽然与文明本身一样古老，但是相对而言，仍是一个崭新的领域，室内设计这个名词意指一种更为广阔的活动范围，表示一种更为严肃的职业地位，它是建筑或环境设计的一个专门性分支，是一种富于创造性和能够解决实际问题的活动，是科学与艺术和生活结合而成的完美整体。"

室内设计作为建筑设计的一个分支和延伸，是建筑功能的进一步完善与深化，是建筑设计的最终成果。就"室内设计"而言，这个词汇包含两个含义，即"室内"与"设计"。这里，我们可以看出室内设计的性质和工作范围。有人曾把室内设计的工作范围概括为室内空间形象设计、室内物理环境设计、室内装饰装修设计和家具陈设艺术设计四个方面。从这四个方面我们也可以看出室内设计与建筑设计存在的交叉。例如，某个公司的办公室的设计，人们从工作室的入口入内便可以看见整个工作室的全貌，对工作室的布局一览无余，物品书籍收纳区，工作区以及会议讨论区，都由清晰的空间分割开，各区域之间有清晰的过道分隔开，相互之间极为一体又相互融合。便于营造工作室融洽的氛围。

综上所述，我们可以对室内设计的概念及其内涵做如下的概括：

（1）良好的室内设计是物质与精神、科学与艺术、理性与情感完美结合的结果。

（2）室内设计是在给定的建筑内部空间环境中展开的，是对人在建筑中的行为进行的计划与规范。

（3）室内设计概念的内涵是动态的、发展的，我们不能用静止的、僵化的观点去理解，而应当随着实践的发展不断对其进行充实与调整。

（4）室内设计具有独立性，更多地体现在室内装饰与陈设品的设计方面。

第二节　室内设计思维方法解析

一、室内设计的主要要求

（1）符合安全疏散、防火、卫生等设计规范，遵守与设计任务相适应的有关定额标准。

（2）具有造型优美的空间构成和界面，宜人的光、色和材质配置，符合建筑物性格的环境气氛，满足室内环境的精神功能需要（图 1-2-1）。

（3）采用合理的装修构造和技术，选择合适的装饰材料和设施设备，使其具有良好的经济效益。

（4）具有合理的室内空间组织和平面布局，提供符合使用要求的室内声、光、热，满足室内环境的物质功能需要。

（5）随着时间的推移，具有适应调整室内功能、更新装饰材料和设备的可能性。

（6）联系到可持续发展的要求，室内环境设计应考虑节约能源、节约材料、防止污染，并注意充分利用和节省室内空间。

图 1-2-1　某办公室办公区室内设计展示图

二、室内设计的主要流程

（一）室内设计的准备工作

设计准备阶段主要是接受委托任务书，签订合同，或者根据标书要求参加投标；明确设计期限并制订设计计划及进度安排，考虑各有关工种的配合与协调；明确设计任务和要求，如室内设计任务的性质、功能特点、设计规模、等级标准、总造价，根据任务的性质营造室内环境氛围或艺术风格等；熟悉设计有关的规范和定额标准，收集、分析必要的资料和信息，包括对现场的调查、勘查以及对同类型实例的参观等。在签订合同或编制投标文件时，还包括设计进度安排、设计费率标准。

（二）室内设计的方案设计

方案设计的成功与否直接决定整体室内设计的成功，在室内设计之前的准备工作，设计师会进行多方位的考察，做足准备工作，再将全部设想在方案中完整地呈现出来（图1-2-2、图1-2-3）。在考察中的任何信息，数据都要做好充足的记录，不然可能会影响整体方案的实施。构思立意，进行初步方案设计、深入设计以及方案的分析与比较。确定初步设计方案，提供设计文件是设计方案的基本流程。室内的初步方案设计文件通常包括：

（1）平面图，常用比例为1∶50，1∶100。

（2）室内立面展开图，常用比例为1∶20，1∶50。

（3）顶棚图或仰视图，常用比例为1∶50，1∶100。

（4）室内装饰材料实样版面。

（5）室内透视图。

（6）设计意图说明和造价概算。

在此阶段，设计师在与甲方进一步探讨和协商过程中，不断对方案进行修改、深化和确定。初步设计方案经审定后，方可进行施工图设计。

一般的建筑装饰和环境设计工程，方案设计经甲方认定后，可进入施工图设计阶段。比较复杂的大型工程，方案设计阶段后应增加初步设计阶段。

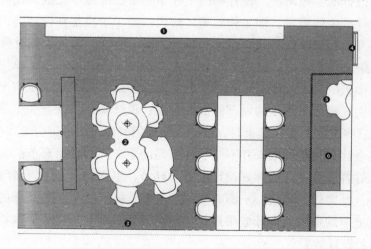

图1-2-2　某办公室图书墙、会议室、展示区平面展示图

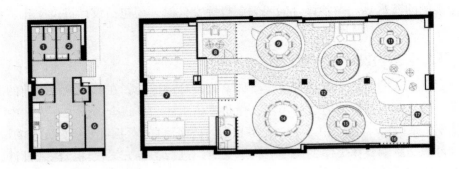

图 1-2-3　半地下室与底层平面设计图

（三）室内设计的施工图设计

施工时应完全按照既定方案完成，不能随意更改，或者减少某些步骤与计划。施工图设计文件应按照已批准的方案设计或初步设计进行编制，内容以图纸为主，应包括封面、图纸目录、设计与施工说明、图纸等。同时，施工图设计阶段需要补充施工所必需的有关平面布置、室内立面和顶棚等图纸，还需包括构造节点详图、细部大样图以及设备管线图、编制施工说明和造价预算。施工图一般以层或功能分区为编排单位，各专业图纸分别编排与装订。

（四）室内设计的实施

在室内设计的实施阶段，设计师的工作事实上已经基本完成，设计实施阶段也是室内设计的主体阶段，即工程的施工阶段。施工阶段是在设计师完成基本设计工作后展开的操作阶段，这时设计师已经完成了主要工作，但设计师仍需高度重视，注意解决现场问题。室内工程在施工前，设计人员应向施工单位进行设计意图说明及图纸的技术交底；工程施工期间需按图纸要求核对施工实况，有时还需根据现场实况提出对图纸的局部修改或补充；设计师还需配合业主进行装饰材料和灯具的选择工作，施工结束时，会同质检部门和建设单位进行工程验收。

设计完全达到预期的效果并不是一件容易的事，需要各个环节的相互配合，精密地计算好各项数据，把握好设计的各个环节，室内的水、电、暖气都是不能忽视的环节，既要做到美观，不影响整体的呈现，同时还应坚持环保的理念，可以最大程度地节约资源，设计成果最优化，在设计意图和构思方面取得共识，以期取得理想的设计效果。

三、室内设计的基础需要

室内设计的这一环节与建筑设计不同，不仅需要对有限的空间进行合理的分布设计，同时还需要设计师前期与房屋的使用者进行全方位细致的沟通，了解使用者的需求以及使用偏好，同时施工时也要和施工者以及周围的人进行多次沟通，确保设计环节得到完美的效果。研究人们的心理。经验证明，这比同结构、建筑体系打交道要困难得多。因此，设计师必须事先对所在建筑物的功能特点、设计意图、结构构成、设施设备等情况进行充分了解。具体地说，室内设计主要有以下各项依据。

（一）确认使用对象以及室内空间的使用性质

在进行设计之前，首先，需要明确使用者的基本信息，室内空间为谁所用，必须符合使用者的基本情况，了解使用者的职业、年龄、审美偏好与文化层次等。同时，又要综合考虑社会群体的文化取向及社会流行时尚。其次，是明确空间的使用性质，建筑的使用功能和人在室内空间所发生的行为活动决定了室内设计的方向和风格。不同的建筑类型其功能不同，也就有着不同的空间设计要求。

（二）明确投资造价和建设标准

投资造价和建设标准，是一切现代设计工程的重要前提。室内设计与建筑设计的不同之处在于，同样的室内空间建设标准，室内装修造价会有相当大的差别。因此，对室内设计来说，投资限额与建设标准是室内设计必要的依据因素。同时，不同的工程施工期限，将影响室内设计中不同的装饰材料安装工艺以及界面设计处理手法。相应工程项目总的经济投入和单方造价标准对室内设计效果的影响是显而易见的。在工程设计时，建设单位提出的设计任务书以及有关的规范和定额标准，也都是室内设计的依据文件。

（三）了解人体尺度以及人们在室内活动时的空间范围

人体尺度所需要的空间是室内设计前首要参考的重要参数，人体尺度决定了人们活动所需要的空间大小，这也是设计时重要的参数标准，适度的空间能够符合人与人之间沟通的社交距离，不会造成不必要的心理压力。人体的尺度，即人体在室内完成各种动作时的活动范围，是设计者确定室内诸如门扇的高宽度、踏步的高宽度、窗台与阳台的高度、家具的尺寸及其间距，以及楼梯平台、室内净高度等最小高度的基本依据。不同性质的室内空间，不但要从人们的心理感受考虑，

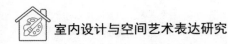

还要顾及人们心理需求的最佳空间范围。上述的依据因素可以归纳为静态尺度、动态活动范围和心理需求范围。

（四）确定使用和安置家具和设备所需的空间范围

设计时不仅需要考虑到人的活动范围所需要的空间大小，同时还需要考虑到空间内必需品所需要的空间大小，家具摆件、电器以及生活用品，需要考虑到他们的使用空间，便于生活的需要也是室内设计的目的。还要注意此类设备、设施在建筑物的土建设计与施工时，对管网布线等都已有一个整体布置。进行室内设计时应尽可能在它们的接口处予以连接、协调。当然，对于出风口、灯具位置等，从室内使用合理和造型等要求出发，适当在接口上做些调整也是允许的。

（五）合理安排室内空间布局的尺寸和制约条件

室内空间的结构体系、柱网的开间间距、楼面的板厚梁高、风管的断面尺寸以及水电管线的走向和铺设要求等，都是组织室内空间时必须考虑的。有些设施内容，如风管的断面尺寸、水管的走向等，在与有关工种的协调下可做调整，但仍然是设计必要的条件和制约因素。例如，集中空调的风管通常在板底下设置，计算机机房的各种电缆管线常铺设在架空地板内，室内空间的竖向尺寸就必须考虑这些因素。

（六）选择符合设计环境要求与可行的施工工艺

设计是有根据的想象与布置，所有的设计必须有根据地完成，包括墙体、地面和顶棚，选择适合的装饰材料，可实施的工艺步骤，设计方案便要确保方案的可实施性。

此外，原有建筑物的建筑总体布局和建筑设计的总体构思也是室内设计时重要的设计依据。

第三节　室内设计思维元素运用

一、室内设计主要元素的应用

在有限的空间内，材料、色彩和物件可以起到提高视觉、生理舒适度和兴奋度的作用。这些元素的合理组合可以提高空间的实用性和美观性。比如，某工作室的设计，设计人员精心研制出一种材料和三重色彩：木制的地板和家具与蓝绿色的渐变墙面营造出一个与工作室品牌颜色有关的安静雅致的办公环境。

（一）室内设计中材料元素的应用

通过明确不同的元素来创造空间的可辨识性是非常重要的。例如，渐变效果只适用于一面墙壁而不适用于其他墙壁，木料只可用于加工地板和低值易耗的家具，从而营造出一种不同于墙面的效果。某个项目的面积仅为 84 平方米，但设计师仍然设法在一个开放的空间内分隔出多个可以开展各类办公活动的区域。半高的木质隔断将经理办公区与员工办公区分隔开来。会议区安装有两个标志性的大型吊灯，还摆放有为员工准备的办公桌和为访客及合作者准备的临时会议桌。考虑到预算问题，设计师使用的是价格实惠的地板材料和墙面材料，组合式储物柜、家具等设施均可在未来搬进新的办公空间时再次使用。为了增加小型办公空间的灵活性，设计师将中央会议桌设计成可拆卸的弧形会议桌。将几个部分拼接起来便组成一张可供 15 人使用的大桌子。不用时，还可将大桌子拆分成 8 人办公桌，拆卸下来的部分还可在公司举办活动期间作为独立式吧台或自助餐桌使用。又如，在由 MVN 建筑师事务所设计的 AEGON 渠道顾问办公室项目，用木条制成的木板和圆柱形玻璃将几个空间围住，分隔出多个不同的区域。这种材料组合形式简单而有效，木条可以起到隔绝声音和防止视觉干扰的作用，而密闭房间内的吸音吊顶可以吸收玻璃隔板反射的声音。

（二）室内设计中色彩元素的应用

在由日本设计师吉田政弘设计的柳道集团（YuDo）办公空间项目中，人文色彩设计为人们带来了良好的感官体验。一系列色彩丰富、引人注目的传声筒增加了办公空间的趣味性，员工们可以在通过传声筒与房间那头的同事说悄悄话。这些声音设备将前厅与内部办公区联系起来，而内部办公区内的大型办公台面有助于员工们进行沟通和合作。与彩色传声筒类似，在由 Brain Factory（大脑工厂）建筑设计工作室设计的 Soul Movie（灵魂电影）办公空间项目中，设计师以伦敦地铁网络为灵感设计了多彩的天花板灯光带，力求在视觉上增强空间直观导航体验。每个地铁站节点都在天花板灯光带上有所体现。另一个材料布置方面的出色案例是由 Annvil（安维尔）工作室的设计师安娜·布泰莱设计的 SPOT 工作室办公空间，该项目的设计必须克服一个根本性的问题，即办公空间内没有窗户。因此，设计师巧妙运用照明技术，用管灯、聚光灯和日光灯泡打造整体清新氛围，光线流动的动态效果给没有窗户的办公空间增添了趣味性。该项目的材料组合方案是

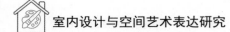

实现金属合成材料和天然材料之间的平衡，从而营造出清新明快的办公环境。

用亮色突出天然表面层色可以体现鲜明的品牌形象，例如由 Masquespacio（假面舞会）设计工作室设计的 Altimira（阿尔蒂米尔）培训学校项目，用亮色突出吸引人的东西，如舒适的沙发、标识、艺术墙、滑动门、书桌，甚至书写板，响应学生与老师之间的动态活动。奇特、有趣或是怀旧的图案可以增加办公空间的个性。这种设计方式在由 ICEOFF（冰封）设计公司设计的 Proekt Agency（项目代理）办公空间项目中也有所体现，平面图案被广泛地使用在墙壁和拱形天花板上，再配以斜腿桌子这种创意家具，以此营造一种不同寻常的感觉。由 Dreimeta（德雷梅塔）设计工作室设计的瑞士旅业集团纽卡斯尔办公室项目利用独特的多色条纹纺织品装潢休息区，与展示墙上多彩的书籍和物品形成视觉上的联系的同时，向来访者展示纽卡斯尔办公室遍及全球的业务范围。由 Studio Wood（木屋）设计中心设计的 Truly Madly（真的疯狂）办公室项目以"街道"为概念，用大胆的色彩装饰空间环境，力求营造出一种轻松的户外氛围。大胆的色彩、霓虹灯指示牌及写满诗文和标语的艺术墙为办公空间注入了新的活力。创意雕塑元素书中的多个项目都采用了雕塑元素，用以营造强大的视觉效果。这些雕塑元素不仅可以让来访者眼前一亮，提升公司的品牌形象，有时还具有实际功能，以更为自由的流动形式将整体空间分隔成几个区域。由 Spaces Architects@ka 建筑设计事务所设计的 Cubix（立方）办公室项目和由设计师卡皮尔·阿加沃尔设计的设计师办公空间项目的中央空间均是一个椭圆形的会议室，开放式办公空间被随意地安排在会议室周围。椭圆形结构表面上的多孔开口形成了一种视觉上的关联感：多孔表面上的白色无菌语言向办公空间的其他区域扩散。这种设计或许没什么必要，但却可以在一定程度上提高摄影效果。为了达到类似的美学效果，由阿克维勒·米斯克·兹维尼恩设计的天科公司办公室项目也设计了一个流动的雕塑元素，将设有床的居家办公室与会议室和淋浴厨房设施整合在一起。办公空间的主要特点是由六个相互关联的定制办公桌组成的开放式办公区。

在由陈安斐、朱东晖设计的竹韵空间项目中，背光雕塑吊顶是参照窗外的卢浦大桥而设计的，吊顶由象征着中国传统的竹条编织而成，从视觉上将整个空间串联起来，竹桥下延处还设有储藏室和接待区背景幕，延伸至空间尽头的竹桥变成了密闭空间的墙面。设计师利用传统的竹编工艺对这家公司的标志进行了重新诠释，将深色的横竹条与浅色的竖竹条编织在一起，以一种传统的方式制作出数字像素艺术图案标志，让数字化设计更加人性化。椭圆形会议室的理念也被运用到小巨蛋的项目中。余颗凌设计公司办公室的会议室呈椭圆形，其外观像一个鸡蛋。

这个标志性的鸡蛋内摆放有一张安装有无线 IT 设备的会议桌。上述案例均使用了创意雕塑元素：设计巧妙的雕塑形式可以作为具有实际功能的建筑元素（如楼梯、天花板、立柱和楼板）使用。由菲尼克斯·沃夫设计的 Pixel（像素）公司办公室项目给人眼前一亮的感觉，入口处的蓝色雕塑楼梯突出了双层高空间的垂直度。设计师在中央会议室旁边修设了一个三角形的接待区和开放式座椅区。这种设计方式简单而有效，而对一个单层高的小空间进行艺术处理也是非常必要的。在由 As Built（竣工）建筑事务所设计的西班牙 As Built 建筑事务所办公室项目，设计师在轻捷骨架结构内用白色木板将自己的办公室打造成一个"小屋避难所"。

色彩对比强化了办公室设计的效果，接待区的墙面用暗色油料喷涂而成，用以突显白色小屋的设计。大家可能会质疑倾斜天花板散射光线的效果。为了确保每个办公桌都能获取到足够的光线，设计师特地安装了吊灯和壁灯。木料不仅可以被用来制作雕塑元素，还可以在结构上最大限度地呈现出它所具有的建筑潜力，如在由（马米瓦·系尼奇）设计工作室设计的 Pllar Grove（普拉格罗夫酒店）新式办公空间项目中，双层高的垂直木柱结构支撑起多个高低错落的平板结构，给人一种置身森林中的感觉。这是一个巧妙的建筑构思，在这一构思里，垂直元素充分发挥它的结构功能和分隔空间、存放物品的空间功能。设计的关键是要展示结构原始状态，刻意露出错层的板边，让人们爱上这种设计楼梯和台阶的方式。另一种结构上的尝试可以从使用像"积木"一样的组合家具来构建各种不同的办公环境中体现出来，由申强设计的 1305 工作室办公空间项目便是如此。人们可以将盒状的细木工制品重新组合，将一个开放式办公空间改造成"聚会空间""阅读空间""T 台"和其他活动空间。四四方方的木盒可被堆叠成半高或全高的隔断书架，而四四方方的桌子和长凳可被组装成各种形状的座椅。这种高度的灵活性在以前是难以想象的，因为每个结构重组只会导致电缆管理混乱，而且还需要顾及太多的 IT 设备。这原本是一个特别受欢迎的设计构思。然而，在当今倡导的无纸化办公环境里，越来越多的工作可以借助无线网络和个人移动设备完成，这些限制因素再也不是 21 世纪的办公场所需要担心的问题。

二、室内设计中的氛围营造

通过设计师的设计，办公室不再是那种让人倍感压抑的严肃空间。当然，在某些情况下，尤其是接待区的设计，应当突出企业的品牌个性，给访客眼前一亮的感觉，但是在大多数情况下，办公空间应当给员工一种家一样的感觉，很多员工在这里夜以继日地工作。让你的员工摆放一些个人物品，如照片、装饰品、马克杯等，这样做花费不多但效果却是立竿见影。可以增进人们之间的信任和关系，营造一个和谐的办公环境。这样做可以提高工作积极性，让人们在紧张的工作之余感受到一种温馨舒适的感觉。由 Zemberek Design（泽姆贝雷克设计）事务所设计的 E.B. 办公室项目，是为一家纺织公司的市场部经理设计的，这是一项颠覆性的尝试，将先前的纺织厂车间变成一个舒适温馨的办公空间。地面铺设有木制地板，并配以家庭式样的丝绸窗帘和杯子。书籍等温馨的家居装饰品。同样，在由 1∶1 建筑工作室设计的 1∶1 建筑工作室办公空间项目中，设计师用家居物品对办公空间进行装饰，如设计师收藏的带有温馨气息的家具、光线柔和的照明设施、绘制有小猫图案的地毯等。复古与现代的气息体现了使用者的个性。我们的工作生活和家庭生活之间的界限变得越来越模糊，因而办公空间的设计必须满足我们的工作需求和生活需求。在由 Ruetemple（鲁坦普尔）工作室设计的车库变身艺术工作室项目，设计师在房屋扩建部分为使用者打造了一间工作室，工作室内设有一张睡榻，位于与楼梯相连的夹层区内。

图 1-3-1　现代主义风格的办公室休息区设计

如图 1-3-1 所示，这是一个功能完备、富有成效的办公空间，带有外露木梁和细木工元素的斜屋顶让这间工作室看起来更像是一个乡间别墅。这间工作室的设计很好地平衡了使用者的工作需求和生活需求。有些办公空间则是家庭生活体验的再现，比如在由 BENCKI+design（木斯基 + 设计）工作室设计的律师事务所办公室项目中，设计的罗马律师事务所办公室项目中，中性色彩的装饰和家具营造出一种温馨舒适的家居体验。艺术雕塑和特效灯也是办公空间的一大亮点。设计者和合伙人洛伦妮·福尔在工作室中为多家创意公司设计了温馨舒适的办公空间，甚至还在其中一个项目的接待休息室内安装了一个可以取暖的壁炉，为员工和访客营造一种家的体验。壁炉的效果令人惊奇，点燃壁炉的同时，人们开始闲聊和休息，休息室立刻变成了一个社交空间。在这里举办派对活动时，有的人拧开了一瓶香槟，有的人在弹吉他，这种场景就好像你在家里举办晚宴一样。小型办公空间的面积多与住宅空间的面积相似，这并非偶然，在这种类型的办公空间内更易营造家的感觉，但在较大的办公空间内却是很难实现的。

三、室内设计助于创造力的提升

很多办公空间均对工业建筑的原有特色进行利用，这种情况越来越多见，且利用效果大多不错。有些办公空间将高高的举架、裸露的建筑立柱和横梁、破旧的木料或是混凝土地板完美地结合在一起，裸露的砖墙与干净的玻璃隔板形成鲜明对比，在空间内摆放组合家具和舒适的现代家具。灯具和那种看起来还不错的艺术品。人们可以接受些许的声音回响。其中一个可能原因是，在开放式阁楼般的空间内，人们更愿意与对方聊天。这是为什么呢？试想一下，当在餐厅只有你们两个人坐在另一对夫妇旁边，你们说话的声音会很小，但是当越来越多的人走进餐厅后，你们必须用高于环境背景声音的声音说话。在办公空间内亦是如此，一个开放空间内的环境噪音可以为人们营造一个充满活力的谈话氛围。事实上，粗犷风格的设计已然是一种很有成效的设计趋势，设计师甚至会特意在一个崭新的办公大楼内建造这种带有工业气息的楼面。材料细分将在未加工状态下进行，腐烂的木门、经加工的木地板和胶合板、氧化的金属板，等等。

在由 Design Haus Liberty（自由之家）建筑事务所设计的 Analog Folk（模拟人）广告公司办公室扩建项目中，传统的人文元素与象征着广告公司目标的数字技术一起发挥着作用。该项目的设计与伦教克勒肯维尔地区的工业背景相互呼应，设计师让捡来的可回收物品发挥新的功能，例如接待室和会议室内的木门，用旧玻璃瓶制成的吊灯，用刨花板 OSB1 再生家具改造而成的吧台和入墙式座椅等木制品。在带有黑漆锻铁立柱、横梁等金属细部的工业背景的映衬下，办公空间的整体氛围与英国的环境十分契合。由 Trifle Creative（灰色琐事）室内设计公司设计的 AEI 传媒公司办公空间，用全尺寸木制墙板作为媒体公司的背景，而多彩的家具和自行车挂墙架则象征着喧嚣城市与平静乡村的融合。书架后面隐藏有一扇通往混音录音室的暗门，营造出一种神秘的气氛。混音录音室通道的设计或许有些花哨，其设计灵感来源于电影场景，带有奇妙的讽刺意味。

在由安娜·柴卡设计工作室设计的创意阁楼办公空间项目（砖块、水泥和木料赋予空间强烈的城市特征，与黄色和黑色的细木工制品和家具相协调。会议室内，可回收利用的纸管被切割成合适尺寸，用来安装具有美感的照明设备。事实上，更多的设计理念是从工业灵感空间中萌生的。粗犷美学不仅仅是一种视觉灵感，其潜在能力可以引发功能性的效果，在由设计师奥达特·格拉泰罗设计的加拉加斯共享工作空间项目中，设计师擅长使用大胆的色彩和粗犷的材料，更擅长借助可移动的隔墙来创建一个可以开展各种大型活动的高度灵活的空间，擅长在开放空间内划分出多个不同的内部分区这一设计理念借鉴了工厂的空间结构。在工厂的空间结构内，空间划分可以非常灵活，但是灵活的空间划分对照明系统有更高的要求。

在由 Suppose Design（假设设计）建筑设计事务所设计的 Suppose Design 建筑设计事务所东京办公室项目中，设计师将自己的办公室设计成了一个带有工厂气息的舒适的开放式空间。项目场地内的混凝土墙和天花板裸露在外，地板和桌子由原木制成，设有多个共享办公区和一个小咖啡馆。照明设计是工业梁状轨道照明系统的一个标志性设计，每条线性光束都用氧化金属材料进行装饰。使用轨道灯的好处在于可以沿着轨道对每个灯具进行移动和调节。在由 ARRO（阿罗）工作室设计的 Clarks Originals（原版克拉克）设计工作室项目中，项目场地先前是一家制造鞋工具加工厂的仓库，钢梁和钢柱结构已经存在。设计者利用使用工业钢梁和钢柱将电缆运送到办公桌旁边，从而摆脱了使用人工高架地板与地板插座电缆的传统方法，打造了一个大型的中央开放式的空间，在地板中央摆放了一张标志性公用长桌，为周围的办公区和封闭空间提供支持。此外，鼓励使用可以滑动和转动的悬浮软木塞板，对有分区需要的空间进行灵活划分。现在，我们来看看另一种完全不同的类型。

在由 Zemberek Design 事务所设计的 Vigoss（维戈斯）研发工作室项目中，纺织公司的办公空间内布满了流动的木质结构，木质结构将检查产品、进入库房、开个小会、闲谈等工作行为融合在一起，如检查产品、去仓库、开会、休息和聊天。柔和的光线打在挂于墙面旁边的纺织服装上，员工们可以沿着木质结构行走，然后进入高度不一致的库房，将生产材料放置在相应的区域供员工自行选择。天花板的空隙布满了线性照明装置，因此员工们不会迷失方向。天花板空隙的几何结构与下面的木质结构相互映衬，可以为空间增加方向感。有些办公空间类型较为特殊，例如由曼努埃拉·托尼奥利设计的 Portuense（诗歌）201 创意园区办公空间项目，设计师在保留原有建筑的基础上，对这里进行彻底翻修，修设了 10 间办公室。这个特色场地为人们提供了一个富有趣味的工作环境，裸露在外或是未经加工的古旧建筑墙面、木制天花板和地板让这里成为充满罗马创意文化气息的历史景观。

四、室内设计中绿植元素的应用

多年来的研究表明，在办公空间摆放植物可以调节情绪，有利于员工健康。植物可以减少二氧化碳和挥发性有机化合物、提高空气质量，而人们在凝视周围环境时产生的视觉刺激可以帮助他们释放压力、提高工作效率。昆士兰大学心理学院于 2014 年开展的一项研究发现，摆放有多种植物的办公室可以提高 15% 的工作效率。除此之外，绿色植物可以将室外空间引入室内环境，为人们营造一个不同以往的办公环境。无论是气氛轻松的非正式碰面还是重要场合的正式面谈。摆放有绿色植物的办公环境都可以让人们摆脱刻板的谈话，让交谈变得更加自然、真诚。这些理论已经被付诸实践，但终究是知易行难。简单地将大量盆栽堆放在办公室周围是没有效果的，这不仅会导致视觉上的拥挤感，还会引发更多的盆栽维护问题。因此，设计师必须认真考虑植物的摆放问题，让植被融入室内设计中，这与精心设计一座花园的难易程度相当。那么，哪些建筑方法可以让绿色植物融入室内环境，让其发挥最大的效能呢？我们又如何把握室内环境与室外环境之间的关系，模糊它们之间原本存在的界限呢？在由 exexe（埃克斯）工作室的设计师利贾·克拉叶芙丝卡与雅各布·普斯特隆斯设计的华沙 Centor（中心人）展厅项目中，委托方意图对公司门类产品进行展示想法让设计师以特别方式对空间内多个分区进行整合的构想成为可能。

为了展示外部产品，设计师用绿色植被装点"庭院"的内部，用以达到模拟室外花园体验的目的。这样便装点出一个半开放式结构的奇特花园，可以当作办公空间内灵活的活动空间使用。委托方意图展示门类产品的想法引发出意想不到的效果，设计师成功地将办公空间打造成一座美丽的花园。在由阿克维勒·米斯克·兹维尼恩设计的 Euro firma（欧洲金融）公司办公室项目中，设计师在玻璃隔断内修设了三座微型日式花园，竹子从白色的鹅卵石中生长出来，在灯光的映射下，显得格外青翠。栽植有竹子的玻璃隔断将工作区与其他区域分隔开来，让整体空间更具层次感。由网吉建筑事务所设计的 Prointel（普罗因特尔）电视公司办公室项目是围绕电视制作公司的一个中央花园庭院设计的。设计师借助灰色地板砖将环绕式通路连接起来。同时让自然光线渗入花园周围的办公空间，尽可能地增加室内空间与室外空间的流动性。在这个案例中，位于办公空间中央的花园是主要的社交空间，是所有人每天必须经过的地方。

同样，在由 Desnivel（倾斜）设计公司设计的 Matatena（马塔泰纳）阁楼办公室项目中，设计师参照建筑入口处的外部庭院设计了两座内部庭院，由此建立起室外空间与室内空间之间的联系。整个办公空间有两层高，其中一个内部庭院的设计恰好利用了这里的空间优势，庭院内生长的树木更是增加了这家平面设计工作室的垂直空间感。有些时候，绿色植物也可以起到品牌宣传的作用，例如在由 MN design（MN 设计）工作室设计的 Sabidom（萨比多姆）公司办公室项目中，设计师用植被装饰办公空间。凸显 Sabidom 公司在修建联排别墅上的优势，提高 Sabidom 公司的社会认可度。植物从接待室的天花板上垂落下来，被喷涂成绿色的墙面和绿色的织纹地毯一直延伸至传统办公区，用以彰显 Sabidom 公司倡导绿色生态的核心理念。或许我们可以尝试一下更为实用的方法，由 Jvantspiker（斯派克）城市建筑研究院设计的带有屋顶花园的阁楼办公室项目，在旧蒸汽车间内打造了一个双层高的空间，底层空间是一间特色会议室，会议室旁修设有通往上层屋顶花园的楼梯。会议室上面的屋顶花园内堆满了绿色植物，可供人们休闲放松使用。有些时候，我们可以看到这样的景象：有些人在为上层屋顶花园内的植物浇水，而有些人却正在下面的会议室做会议演示。在这样的办公环境下工作，可以增加员工对企业的认同感。书中还收录了几个将绿色植物充分融入空间设计的案例，例如在由 FieldWork（实地工作）建筑设计公司设计的波特兰 Be Funky（时尚）办公室项目，设计师将植物摆放在办公桌之间半高的组合储物架上，为设有木制隔墙和黑色细木家具的办公空间增添了勃勃生机。在由 Spacon& X.（间距&X）设计公司设计的 Space（空间）10 未来生活实验室项目中，设计师在 IKEA（宜家）创新实验室的各个区域摆放了多种盆栽植物。

为了满足多种活动需求，所有细木制品均被设计成可移动的组合构件。当储物架被推走时，人们可以将储物架上的盆栽植物移置别处，或是将盆栽植物堆放在好似"温室"的透明隔断内。由 Fraher（弗雷尔）建筑设计公司设计的 Green Studio（绿色工作室）阁楼办公室项目将室外平台植物与室内办公空间设计结合起来。在对工作室的外观和朝向进行规划和设计时，设计团队尽量减少工作室对周围建筑和环境的影响。同时确保花园和办公空间能够获得足够的天然采光。设计方案由几个部分组成，倾斜的几何形屋顶变成了一个绿色植物平台，长势茂盛的野花从屋顶上垂落下来，将部分建筑外墙遮盖起来。自然光线透过倾斜的全高窗户照射进室内，人们也可以透过窗户欣赏到花园内的景致。

第二章　室内设计思维发展历程

本章的内容主要是对室内设计的历史发展进行梳理，第一节是对史前时期室内设计发展思维进行介绍；第二节是介绍古典主义时期室内设计思维；第三节是介绍新古典主义时期室内设计思维；第四节则是着重介绍现代主义时期室内设计思维。

第一节　史前时期室内设计思维

一、史前时期的洞穴装潢——岩画

史前时期，人类生活在洞穴之中，但这并不妨碍人类已经具有审美能力以及绘画能力的雏形，作为人类生存发展的重要阶段，洞穴岩画有着特殊而重要的地位，虽然不是世界上最古老的艺术，却是研究古代人类生活最首要、最直接的记录。岩画作为洞穴中最直白可以看到的装饰画面，可以感受人类已经有意识去改变洞穴的基本样貌，这是一种有意识地去改变环境的行为，欧洲旧石器时代的洞穴遗址，主要集中在法国西南部和西班牙北部的法兰—坎塔布利亚地区。以其宏大的规模、雄伟的气魄，成为旧石器时代马格德林文化期最具代表性的作品。

岩画《受伤的野牛》（见图2-1-1），阿尔塔米拉洞窟，西班牙桑坦德省（Altamira Cave, Santander Spain，公元前3万—公元前1万年）位于西班牙桑坦德省，典型史前人类活动的遗址，因其旧石器时代晚期的古人类绘画遗迹而被归入"马格德林文化"时期。图为洞窟中最著名的岩画，长达2米，画面描述了野牛受伤之后，表情狰狞、蜷缩一团，挣扎着企图逃脱的情景。

人类开始进入农耕社会后渐渐走出了洞穴的生活，人类的生活方式也得到了扩充，生活开始变得稳定，生活方式也逐渐形成系统。对生活环境的布局也渐渐有了规划。生活的稳定，生存质量的提高，加上农业和畜牧业技术的改良，显然比原先颠沛流离的狩猎方式稳定许多，促使人类开始酝酿定居的生活。定居意味

图 2-1-1　岩画《受伤的野牛》

着建造居住的场所，这是一个漫长的过程，原始房屋由此产生，使人类能够长时间稳定居住。从原始自然栖息地到有固定居所，人类改善了生存环境，也进一步摆脱了对自然的依赖。人类实现固定居住，经历了一个由分散到聚集，由无序到规律的过程。原始部族的集群方式给定居带来一些有益的经验：相对集中的居住更有利于共同抵御自然侵害和危险，也有利于分享和交换从农业种植和畜牧放养中获得的有限的食物。但大规模的聚集和居住，不得不形成一些规则和约定。从原始农业的形成到自然村落的出现，几乎很难划出明显的界限。

　　研究认为，西亚应该是人类最早出现农业和集聚村落的地域。位于土耳其境内中南部的安纳托利亚地区，展现了最早的城镇布局：房屋如蜂窝般大小不一地整齐排列，相互间没有街道，以屋顶通行，行人需经过彼此屋顶才能到达自家，依靠楼梯连接高低起伏的房屋。房屋不设门窗，仅在墙体靠近屋檐处开设通风小洞，房屋外形如同盒子，类似于烟囱作用的门洞为连接室内外的唯一通道，这种奇特的居住方式就是加泰土丘。

二、史前时期的室内装饰——公牛头雕塑

　　史前时期，人类已经有了祭祀的意识，人类往往选择代表勇气的动物作为祭祀的物品，史前时期的人类对待生命的态度较为朴素，争夺的意识也逐渐产生。牛作为一种祭祀或象征性动物，以装饰物或图形方式出现在羊毛地毯、壁画或装饰品上。加泰土丘内也建造神室，牛的形象与宗教颇有关联，每间房间代表着不同崇拜，所装饰的内容也不同，如挂有公牛头的雕塑或女性主题图案等。

　　加泰土丘的活跃时期大约在 9000 年前，展示了公元前 7400—前 6200 年间新石器时代居住地的 18 个发展级别，包括壁画、浮雕、雕塑和其他具有象征性、艺术性的物质（见图 2-1-2）。从史前开始一直到古典时代的近东地区，这里就是

与古希腊文明之间的交流往来的陆地通道，当时居民总共约 7000 人，占地约 30 英亩（约 12.1 万平方米）。

图 2-1-2　加泰土丘遗址

三、其他古文明的室内设计案例

古巴比伦在记载中的建筑已经达到了一定较高的水平，有资料称当时的宫廷建筑的建筑水平被称为了"黄金时代"，兼具审美特性与实用特性。在保证了基础的使用性后还体现出皇室的地位。但是因为技术和材质还是存在缺陷，所以经过岁月的洗礼和自然的腐蚀，古巴比伦的建筑已经鲜有存留了现存至今仍然能看到的巴比伦遗迹，始建于巴比伦第一王朝时代，即现今叙利亚的马里（Mari），又名特拉哈利利（Tellel Hariri）城内的一座皇宫。皇宫位于"吉库拉塔"所在的区域，四周均用土坯砖搭建而成，结构保存完整。其中一侧是国王接待个人所用的大厅侧房，墙面装饰为带有宗教色彩的壁画，其中最突出的一幅描绘的是马里国王与其守护神在一起的情景。

提及西方古典文明，古代希腊与罗马占有重要地位，其文明程度和艺术成就对整个西方世界产生深远影响。古希腊播种欧洲文明，其建筑也是西方建筑之先驱。在希腊文明前期，以爱琴海为中心的爱琴文明（Aegean Civilization）已繁荣了数百年，其中心先后位于克里特岛（Crete）和迈锡尼（Mycenaean）。爱琴文明曾经相当发达，其建筑形式和室内空间布置，均对古希腊文明时期产生一定影响。

古爱琴文明重要遗址克诺索斯城（Knossos）中，爱琴海地区最强大的统治者米诺斯王的宫殿（图 2-1-3）。该时期以宫殿、住宅、公共浴室和作坊等世俗性建筑为主。从遗址发掘状况来看，大部分大型宫殿以石材建造，普通建筑则为土砖结构。公共生活、宗教仪式和私人生活，均围绕以柱廊连接的宫殿群落而发展。宫殿内部富于装饰，重要房间有壁画或框边纹样作为立面装饰。米诺斯时期的克里特岛上的建筑，可谓西方建筑史的开端。

图 2-1-3　克诺索斯城遗址

迈锡尼是继克里特之后，在爱琴文明时期最强大的统治者。迈锡尼时期的建筑和米诺斯时期有很大不同：前者重防御性，后者基本不设防；前者粗犷雄伟，后者端庄华丽。但两者均是以正厅为核心的宫殿建筑群落，这对希腊建筑的发展产生了深远的影响。来自古爱琴文明重要遗址克诺索斯城（Knossos），爱琴海地区最强大的统治者米诺斯王的宫殿。米诺斯时期的建筑，以宫殿、住宅、公共浴室和作坊等世俗性建筑为主。从遗址发掘状况中可见，大部分大型宫殿以石材建造，普通建筑则为土砖结构。公共生活、宗教仪式和私人生活，均围绕以柱廊连接的宫殿群落而发展。宫殿内部富于装饰，重要房间有壁画或框边纹样作为立面装饰。

第二节　古典主义时期室内设计思维

一、古典主义时期室内设计风格变化

古典时期的室内空间依然缺少现存的精确证据，缺乏能体现古希腊室内空间特征、日常生活设施的图片资料，包括在古罗马幸存的壁画中也很难见到完整的场景表现。今天所能构建的古典时期室内装饰是一个综合的结果，大部分幸存物来自意大利，从环境中保存下来的碎片和当时的描述虽不能完全展现古典室内空间，但也相对充分了，如公元6—9世纪重要的罗马室内空间用雕刻和描述的方法保存下来。

　　建筑遗迹对古代作家颇有影响，但往往只对重要的室内细节进行描述。古罗马杰出的建筑工程师维特鲁威曾设计法诺城的巴西利卡，又因《建筑十书》而闻名。维特鲁威视装饰为建筑功能的一部分，并提供大量有关住宅、室内装饰的技术材料信息。

　　建筑师李班设计，雕刻家菲迪亚斯负责奥林匹亚宙斯神庙，古希腊最大的神庙之一（图2-2-1）。直到公元前86年，罗马指挥官苏拉攻占雅典，破坏了尚未完成的建筑，并将一部分石柱和其他建材拆下运至罗马。希腊政体，决定了最初的建筑形制以简单实用为主，且分开独立，有别于迈锡尼文明。爱琴文明时期宫殿中的重要大殿"正厅"，影响并延续到早期古希腊神庙的平面布局。神庙内部以正厅为主体，供奉神像，主要的祭祀等宗教仪式在庙外举行，故古希腊人十分重视神庙外部装饰。

图2-2-1　奥林匹亚宙斯神庙

（一）古罗马壁画风格的演变

　　古罗马壁画，以庞贝古城的发掘为研究基础。伊特拉斯坎的精致住宅继承了希腊经验，护壁板围绕整个房间，包括连续的带状饰条。室内开窗很小，大面积墙面用以创作壁画，起装饰并拓展想象空间的效果。纵观壁画风格，大致可分为四种类型。

第一种：砌体风格（约公元前 2 世纪），承袭于希腊，吸收公元前五六世纪"匀砌式"墙体建筑技术，以彩色灰粉绘制墙基部分突出的部位，利用不同颜色和不同品质的大理石壁画来表现色彩效果。

第二种：建筑结构式（公元前 80 年），源于希腊化时期的罗马戏剧场景，特色是在室内墙面上应用透视法绘制建筑结构，在二维平面上制造延展空间的三维效果。

第三种：装潢式，古典式学院风格与建筑结构式相反，还原墙壁本色。用单色水平和垂直线条勾画建筑装饰图框，将每片墙面分成三个图框，内嵌图画，多为神话、宗教或田园题材。墙面上方仍保留以假乱真的建筑结构装饰。

第四种：复杂式，流行于克劳地亚斯（Claudius）皇帝和尼禄（Nero）时代，在第二、第三种风格基础上发展而来，装饰、表现性多样广泛。用色鲜明，加上光影技法表现，充满生气与对比。另一特色是绘制舞台布景，表现戏剧内容：弗罗东府邸，建筑结构式壁画，庞贝古城（House of M.Lucretius Fronto, Pompeii，公元前 79 年）君士坦丁堡极盛时期的皇族宫殿，约有 2 万人聚集于此生活，建筑和室内装饰展现统治阶层的奢华观念。镶嵌图案用以装饰重要房间，尤以皇帝寝宫的马赛克镶嵌为代表。格雷特宫的马赛克镶嵌技术，不论从技艺还是规模在世界范围内都难出其右。遗址挖掘虽多为碎片或不完整部分，仅为最初区域的七十分之一，但足以证明拜占庭古代镶嵌工艺之精湛。圣索菲亚大教堂，剖面图与巨大的内部空间，伊斯坦布尔由特拉勒斯的数学家安提莫斯和米利都的物理学家伊西多尔合作设计，均为小亚细亚人，成就了拜占庭空间最辉煌的代表。其主要成就表现在三个方面：（1）高超的结构体系带来巨大空间；（2）内部空间既集中统一又曲折多变，满足仪式的不同需要；（3）室内装饰璀璨夺目，展现极高的镶嵌装饰技术。作为过去东正教的中心教堂，又是皇帝重要典礼仪式的场所，圣索菲亚大教堂见证了拜占庭帝国的极盛时代。

（二）哥特式风格逐渐盛行

公元 10 世纪以后，手工业与农业的分离以及商业的逐渐活跃，推动了封建城市的经济发展成哥特式（Gothie）成为主导风格，类型虽仍以教堂为主，但在广场住宅等均有较大发展风格完全摆脱了罗马影响，以来自东方的尖券、尖形肋骨拱顶、坡度很大的两坡屋面、钟楼、飞扶壁、束柱、花窗等为特点，哥特式发展在很大程度得益于人们对宗教的狂热，形制满足宗教精神召唤力，在公元 12—15 世纪的西欧以法国为中心，之后整个欧洲均为"哥特化"。其建筑特点主要体现于：尖塔高耸、尖形拱门、大尺度开窗、绘有圣经故事的玻璃花窗；科隆大教堂（图 2-2-2），中庭，德国（Hohe Domkirche St.Peter and Maria，German）以体量和高度见长，中庭高达 48m，奔放、灵巧、上升的力量体现了教会的神圣精神直升线条烘托了空间升华，丰富的雕刻装饰塑造出神秘感，表达了希望接近上帝与天堂的宗教观念。

图 2-2-2　科隆大教堂

圣德尼修道院（Abbey Church of Saint–Denis）利用尖肋拱顶、飞扶壁、束柱，营造轻盈修长、向上高耸的空间感。尖肋拱顶将推力作用于四个拱底石上，使高度和跨度不再受限，空间得以空阔高耸，具有"向上"的视觉暗示（图 2-2-3）。

图 2-2-3　圣德尼修道院

乌尔姆大教堂，内殿与束柱，德国（Ulmer MCinster，German）空间高达

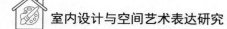

161m，形体向上的动势十分强烈，轻灵的垂直线直贯全身（图 2-2-4）。柱子不再是简单的圆形，而是多根柱子集合于一体，强调垂直感，衬托空间的高耸峻峭。彩色玻璃花窗的发展在 13 世纪中叶以前，因玻璃块尺度较小，所以分格小，每格内的图画都是情节性的，内容复杂，形象多，色彩特别浑厚丰富，便于色调统一。13 世纪末，彩色玻璃窗发生了变化，玻璃块尺度变大，分格疏阔，因而图画内容简略，以个别圣像代替故事，并用着色弥补彩色玻璃的不足，如此一来，大面积的色调统一便难以维持了，同时也削弱了装饰性与建筑空间的协调 14 世纪，玻璃的色彩更加多样，也更透明，因此不再浓重。由于常用几层不同颜色的玻璃重叠，色调的变化更加丰富到 15 世纪，玻璃片尺寸继续扩大，不再做镶嵌，而是直接在玻璃上绘画，装饰性更弱：由小块到大片，由深色到透明，虽然表明玻璃生产技术的进步，但却因此折损了其原本的建筑装饰特性。

图 2-2-4　德国乌尔姆大教堂

意大利几大家族的世仇斗争与罗马教皇集权，既带来城市竞争，又推动文艺复兴发展，其中以梅迪奇家族为翘楚，佛罗伦萨因此成为文化与艺术中心。15 世纪以前，主要的室内作品多集中于罗马、佛罗伦萨周边及威尼托（Veneto）地区，室内装饰多以绘画为主，象征性强烈。历史学家并不认可室内设计为当时文化的代表，但绘画带来了重要信息，特别是一些宗教事件的绘画事实上，目前几乎没有完好保留文艺复兴时期原貌的室内空间，只能借助史料辨别许多重要场所。

巴齐家族礼拜堂（图 2-2-5），室内，佛罗伦萨（Pazzi Chapel，Florence，1420 年）布鲁内列斯基（Filippo Brunelleschi，1377—1446 年）设计，纯净、简洁、灰白色调体现"完美模数"的概念，规范而图示化的手法对后续室内设计产生巨大影响，圣·洛伦佐教堂，大殿，佛罗伦萨（Basilica di San Lorenzo，Florence）美第奇家族历代的礼拜堂，分别经由布鲁内列斯基、米开朗琪罗先后设计，视觉表现始终是室内设计最根本原则，布鲁内列斯基对结构有着突出贡献，表现在穹顶、鼓座、三角穹圆顶、柱式等多方面。鲁奇兰府邸，走廊，佛罗伦萨（Palazzo Rucellai，Florence，1446—1451 年）莱昂·巴蒂斯塔·阿尔伯蒂（1404—1472 年）设计，理论与实践的双重重要人物，著有《建筑论》（又名《阿尔伯蒂建筑十书》，1452 年）一书府邸立面分三层，每层均有壁柱和水平线脚，第二、第三层窗用半圆券顶部以大檐口将整座建筑统一，这一手法为当时其他建筑所仿效。吕卡第府邸，内廊中庭，佛罗伦萨（Medici Riccardi Palac，Florence，始建于 1444 年）由米开罗佐（1396—1472 年）设计，注意不要与米开朗琪罗混淆。为数不少的梅迪奇家族别墅均出自其设计吕卡第府邸的华丽奠定了日后都市住宅的风格基础：文艺复兴的几位重要艺术家如达·芬奇、米开朗琪罗和拉斐尔都曾在佛罗伦萨发展，但最终都离开佛罗伦萨前往他处。而罗马相对平稳，又是位高权重、财力雄厚的教廷所在，历任教皇为了树立教廷权威也经常召唤各地优秀艺术家前往荣耀天主的殿堂。雄心勃勃并且出手阔绰的教皇朱利阿斯二世更积极建设梵蒂冈；吸引了伯拉孟特、米开朗琪罗和拉斐尔前来梵蒂冈工作，艺术家们因此得以展现才华。16 世纪以后，艺术重心逐渐从佛罗伦萨移至罗马：玛达玛庄园，凉廊，罗马（Villa Madama loggia，Roam，1517—1523 年）是拉斐尔（Raffaello Sanzio，1483—1520 年）为朱利亚诺·梅迪奇设计的庄园，盛期作品。虽未能完工并于 1527 年因罗马城攻陷而遭破坏，但凉廊的美感表达了当时在休闲娱乐装饰上的观念，经典比例让人联想到古罗马公共浴室"坦比哀多"礼拜堂，图纸，罗马（Tempietto，Roam，1499 年）由伯拉孟特（Donato Bramante，1444—1514 年）设计，以极致和谐的比例美感著称，内空间十分有限。圆形平面的集中式布局，以古典围柱式神殿为蓝本，上盖半球形。平面由柱廊和圣坛两个同心圆构成，柱廊宽度等于圣坛高度，是典型的早期基督教为殉教者建造圣祠的基本形式。下层围廊采用多立克柱式。伯拉孟特在此追求的不是对古典建筑的简单模仿，而是在精神气质上创造相同于古典意义的现代纪念性建筑，堪称盛期引领性作品。

图 2-2-5　巴齐家族礼拜堂

1500 年前后，意大利的别墅和皇宫设计影响了整个欧洲，在经历了一段不平衡的繁荣期之后，随着法国和其他国家的入侵，文艺复兴的成果也被带入欧洲北部。"意大利式艺术"随着查理三世进入法国，然而多数法国人已经习惯了丰富的哥特式风格并未真正接受意大利式文艺复兴风格。因此，从查理三世到亨利三世时期，文艺复兴风格在法国（及整个欧洲的北部）并未发展得如同在意大利那般热烈清晰，在很多地区，甚至被简单地嫁接于哥特式后期风格，出现了许多不协调的例子。但不管怎样，意大利文艺复兴还是在一定程度上触及了法国室内装饰设计。弗朗索瓦一世的画廊，枫丹白露宫，法国（Palace of Fontainebleau，France，1533—1540 年）创作，后由普里马蒂西奥绘制。意大利艺术家在法国创造的重要室内作品之一，由弗兰西斯科·普里马蒂西奥设计，他是意大利矫饰主义家和建筑师，弗朗索瓦一世执政时期，推动文艺复兴在法国的发展，通过引进诸多意大利艺术家、设计师，效仿意大利当时的皇室设计，但也因部分简单嫁接的手法，造成与法式哥特主流不相协调。

二、英国的文艺复兴风格

英国的文艺复兴的发展相对保守，体现出英国人独有的气质特征，室内的设计装潢对于细节的处理十分谨慎，细节很精致，运用大量木质结构和雕刻技艺，以及雕刻技艺。这些雕刻出来的家居极具中世纪的风格特点。总体而言，受文艺复兴影响的英国，一方面继承哥特式建筑的都铎传统；另一方面又采用意大利文艺复兴建筑的细部装饰。这导致了许多室内设计只是装饰片段的堆积，其概念与意大利或法国的建筑思想大相径庭。但也有一些新元素的出现，如汉普敦皇宫的石膏天花或同时期的圣詹姆士宫（St James's Palace）（图 2-2-6）所呈现的风格。设计师们也曾尝试创造出一种能适应各种变化的形式（如古典式方格天花），例如用垂挂装饰物来划分区域的做法在伊丽莎白一世时期非常流行。但无论古典细部多么丰富，16 世纪的英国因其保守的发展，始终游离于文艺复兴思想的主流之外。

图 2-2-6　詹姆士宫

第三节　新古典主义时期室内设计思维

一、巴洛克风格成为焦点

16 世纪下半叶，文艺复兴运动渐趋衰退，包含建筑及室内装饰在内的整个艺术界步入一个混乱与复杂的时期，滋生出多种风格形态，其中以"巴洛克"艺术最为瞩目。巴洛克一词源于葡萄牙文"Barocco"，意指怪诞、变形的不规则珍珠或粗陋的贝壳装饰后引申为"不合常规"，原意指责艺术中衰颓、浮夸和过分雕饰。随着研究的深入，"巴洛克"一词语终因其艺术价值被肯定而保留下来。

巴洛克在室内设计上的突出特点在于：运用矫揉手法（如断檐、波浪形墙面、重叠柱等）、透视壁画、姿势夸张的雕像，使空间在透视和光影的作用下产生强烈的视觉效果；追求豪华的内部装饰与动感形态；将建筑、雕塑、绘画相渗相融，刻意模糊彼此界限，创造虚假空间；室内色彩对比强烈，细部多用雕饰，装饰以幻觉风格壁画为主（充满密集的人像、带有错觉透视的建筑画或由幻觉画框包围的图像）。复杂曲线和错综的平面布局开创了室内设计新风格，对当时的大众审美产生极大冲击。

法国的巴洛克家具一般被称为法国路易十四式家具，在原料、工艺、式样、品种等方面都较之从前有巨大突破。与当时宫殿、城市府邸一样，尺度巨大，结构厚重，雕刻华丽，加上精细的镶嵌细木工艺、青铜雕饰、镀金银装饰等，使家具显得格外生动豪华。

法国著名宫廷家具大师安德烈·查理士·鲍里创造性地发展了"镶嵌细木工艺"，将金属片与龟甲重叠切成图案，再镶嵌于家具表面，形成"鲍里"式贵族风格，广为流传，后在路易十五时期的家具中大量应用，促成法国洛可可式的独特风格。

除了颇具质感的厚重家具、镜面、地铺、挂毯等布置，17世纪的法国壁炉因出色的雕刻工艺得以流行，并且因气候关系在北部的室内装饰中必不可少。当时除偏远地区，带罩款式壁炉已消失，常见样式是向前浅浅突出一块由地及顶的镶板，上部安置装饰镜架，沿墙四周装饰山墙或檐口雕刻。壁炉和装饰架镜早在1601年已经出现在枫丹白露宫，后广为流传。

镜厅，凡尔赛宫（The Hall of Mirrors，Versailles Palace）由阿杜安·芒萨尔设计，凡尔赛宫中最为著名的厅堂（图2-3-1）。镜厅一面是17扇面向花园的巨大圆拱形大玻璃窗，与之相对的是墙上17面巨型镜子，每面均由483块镜片组成，将园内美景映射于室内仿佛置身于室内花丛中。室内的淡色大理石、科林斯壁柱、镀金浮雕、天花上的巨幅油画、雕像装饰、枝形吊灯及蜡烛等，均在镜面反射下映衬得金灿而缭乱（图2-3-2）。荷兰，因海上军事实力的强盛赢得大片殖民地，推动本国建设发展，在室内装饰方面的进步亦称"中产阶级古典主义"，提倡厚重有力的空间结构，也青睐小型、亲切的装饰风格。

图 2-3-1　凡尔赛宫入口

图 2-3-2　凡尔赛宫镜厅

西班牙，因政治、经济的衰落和教会势力的增强，教堂建筑日趋装饰性，直至后来以装饰、夸张为主要特征，怪诞堆砌走向极端化，称"超级巴洛克"德国，受 30 年宗教战争影响，巴洛克影响相对较晚，遂意式巴洛克与本土民族风结合，其发展独树一帜。其教堂多外观简洁雅致，内部华丽，内外对比强烈。

俄国，受晚期巴洛克风格影响，又因彼得大帝为促进城市景观而大量引进外来建筑师、工匠等，该时期最重要的建筑师为生于法国的意大利设计师巴特罗姆·瑞斯特利。洛可可风格是奢华巴洛克与宫廷时髦生活结合的产物，室内装饰尤能体现洛可可风格的特点，以旋涡式弧形装饰为基本语汇，题材以蚌壳形、旋涡、花环、束状花纹等植物形曲线为主，用繁复构成视觉焦点。房间多为椭圆或八角形，室内多采用圆形、椭圆形边角，墙上经常安装镜子，从视觉上拓展了空间。墙线与天棚边界相互融合，室内结构趋于平面化不对称的布局更显灵活，色调瑰丽而明快。这种式样很快成为上流社会的主流，并成为西方建筑室内发展中承上启下的转折点。

该时期家具在巴洛克工艺的基础上，更加注重外部装饰与精雕细作，以曲线与雕饰呼应室内，也有花叶、果实、绶带、旋涡等图案。材料上常用紫、黑檀及枫木等贵重木材。制作工艺包含金属加工、不同木材搭配、大理石缀饰等，甚至还有东方的漆器工艺。家具分类细化，制作方式如同雕塑品，集优美与舒适于一身是洛可可风格家具的重要特色。

二、新古典主义艺术风格的推进

有两位女性对法国盛期的洛可可艺术起到重要的推动作用；一位是蓬帕杜夫

人（1721—1764 年），原名让娜·安托瓦内特·普瓦松，洛可可盛期的主导者。路易十五登基后无意邂逅并为其倾倒，后因国王加封其丈夫而变身为蓬帕杜夫人。凭借自己的才色，蓬帕杜夫人影响到路易十五的统治和当时的法国艺术，不仅参与军事外交事务，更以文化"保护人"身份，左右着当时的艺术风格，并将法国艺术推向了欧洲巅峰。

另一位是让娜·贝库，即杜巴里伯爵夫人（1743—1793 年），原名玛丽·让娜。她在蓬帕杜夫人去世后成为宫廷主导，果断地拒绝了前任蓬帕杜夫人推崇的洛可可风格，以异国情调和古典情趣取代，洛可可在此时回归希腊化的均衡，但奢华依旧。杜巴里夫人因此成为"新古典主义"的推进者。

皮诺的创作巅峰展现于麦松府邸的室内设计，室内最典型的特点也是法国此时期最常用的处理手法，即直角形状和朴素的墙壁装饰，这两种手法恰是意大利和德国的巴洛克装饰竭力避免的两种特征，玛丽·安托瓦内特王后的卧室，小特里阿农宫（图 2-3-3），凡尔赛（Petit Trianon，1762—1768 年）由雅克·加布里埃尔（1698—1782 年）设计，是法国早期新古典主义的领袖。小特里阿农宫既代表当时洛可可顶峰，也被视作法国早期新古典主义的开始。建筑规模虽小，但室内和谐典雅。其中王后卧室色彩清淡，仅金色雕刻细部，一扇门式开窗可见花园景色（图 2-3-4）。由加布里埃尔与雅克·韦尔贝克特（1704—1771 年）合作设计，堪称当时最豪华的室内装饰。宫内墙壁四周和天花均布满各式宗教或世俗油画。细木护壁、石膏浮雕和壁画相结合的艺术形式，形成枫丹白露的独特风格。

图 2-3-3　小特里阿农宫

图 2-3-4　小特里阿农宫花园

　　法国洛可可广泛地影响着 18 世纪欧洲其他国家设计风格的发展，德国是最快接受洛可可风格的国家，并形成带有民族特色的独特风格，接着相继是奥地利、匈牙利、波兰、波希米亚和俄国等，一些中欧国家也欣然接受洛可可风格。洛可可风格在法国独为宫廷和贵族所用，在中欧则大量运用于教堂室内装饰。洋溢着欢愉之情的洛可可作为中欧国家的教堂装饰风格，成就了欧洲最后一次大规模的宗教艺术之辉煌。

　　洛可可风格在德国乃至欧洲的极致作品，空间处理及装饰特点秉承巴洛克手法，刻意模糊建筑空间与雕刻和绘画的界限，相互渗透，融为一体。整个空间色泽柔和亮丽，以白色为主，点缀清淡的金黄色，造型图案仍然崇尚自然曲线，绘画和雕刻中的人物富有戏剧性、飘逸性。威尔参海里根教堂位于德国南部，堂内部呈开放式空间，十字交叉处的天花一改惯常的穹顶样式，四个椭圆在此交汇，既新颖又增加采光面。墙面装饰以白色为主，饰有浓重的金色藤蔓状曲线。

　　18 世纪的英国是欧洲唯一没有受到洛可可风格影响的国家，当时英国国内抵制法国样式，坚持延续"帕拉第奥法则"的学院派，室内设计和家具呈现出实用、朴素、舒适的新特点。英国的帕拉第奥风格代表了热衷于兴建私人庄园府邸、新兴的农业资产阶级和转向资本主义经营的新贵阶层。其中，伯灵顿伯爵理查德·伯

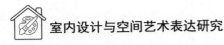

耶尔（1694—1753 年）对帕拉第奥建筑风格进行了深入研究，成为 18 世纪英国建筑师中的核心人物，并携同威廉·肯特和柯伦·坎贝尔共同发展装饰理念。

梅瑞沃斯城堡剖面图（Mereworth Castle）由伯灵顿伯爵、肯特、坎贝尔、约翰·伍德和其他人以帕拉第奥风格为原形，在此基础上创造的独一无二的英国样式，从中可见建筑形态与帕拉第奥的圆厅别墅十分相似。

绿洲卧室，霍尔克姆府邸，英格兰诺福克郡（Green State Bedroom, Hoikham Hall）由威廉·肯特（William Kent，1685—1748 年）设计，体现其代表性家具手法。室内墙纸、暗色木门、地板与灿烂的白、金色石膏工艺及顶棚的圆形壁画相互映衬，山墙形床头顶端安放巨大的双贝壳造型。

法国人并不热衷于对古希腊、古罗马建筑形式的抄袭和对考古学翔实性的研究，而是寻求古代建筑的精髓只重视建筑原理、分类、创作方法和技巧。但在 18 世纪 60 年代，还是出现了较小范围的"希腊风"，发起人是凯吕斯伯爵（1692—1765 年）。希腊细部装饰受到关注并引入法国室内设计之中，与古典主义传统相结合。此前鲜少使用的窗帘被广泛应用于室内，深红色和金黄色成为边缘装饰和流苏中利用率最高的颜色。

圣日内维耶大教堂，殿内穹顶，巴黎，约 12 世纪雅克·日尔曼·苏弗洛（1713—1780 年）设计，又称先贤祠（Pantheon）。综合了古希腊和古罗马的神庙建筑、圣彼得大教堂及哥特式建筑的结构和形式，呈对称十字形。为避免一览无余的视觉效果，整个空间被侧廊层层划分，但通透连续。天花由五个穹顶组成，彼此间用筒形拱过渡连接、开合有度、虚实相生。各界面构件装饰均采用规整几何形，严谨且不失分寸，地面放射状花纹呼应天花。整个室内一派优雅，是新古典主义的鲜明代表。

18 世纪中叶，德国美术考古学家和美术史家温克尔曼，因赞美民主制度而标榜古希腊艺术；此时，在法国启蒙主义影响下，强调自由、平等、博爱，以普鲁士国王腓特烈大帝（1712—1786 年）为首的德国各诸侯国开始实行"开明专制"的政治态度，因此德国自然选择了希腊复兴风格作为新古典主义的内容。与英国不同，风格庄重而体量庞大的希腊式建筑只在德国的公共建筑中迅速发展壮大。

草莓山庄的画廊，特威肯汉，伦敦（Strawberry Hill, Twickenham, London）室内由霍勒斯·沃波尔设计，大量模仿中世纪的装饰特色，英国"如画风"模式下的产物。室内精细的石膏工艺传承了 18 世纪的精髓，壁炉架样式源自陵墓顶棚，注意壁炉架上的镜子并非中世纪样式。顶棚设计出自是亨利七世礼拜堂，其中著名的扇形圆拱屋顶（fan vaulting）展平后的样子。意大利罗马的大量古典主义建筑是欧洲各国新古典主义发展的灵感来源，但此时期的意大利却没有出现新古典主义风格的代表建筑，其早期的新古典主义的领导者如克莱里索、亚当、温克尔曼、皮拉内西等均不是意大利人。作为装饰师的克莱里索，最杰出的室内作品是位于罗马西班牙广场上的圣三一教堂（S.Trinit d dei Monti）内的"废墟"的室内装饰。

　　再看俄国，18世纪下半叶，叶卡捷琳娜二世（1762—1796年）在圣彼得堡建立了艺术学院（Academy of Fine Arts，1757年），学院内来自法国、意大利的建筑师如让·巴普迪斯特·德·拉·莫特、夏尔·路易·克莱里索和贾科莫·夸伦吉等人的作品，使圣彼得堡掀起一股纯粹而稍带严肃的古典主义风格。18世纪下半叶，英国首先出现了反对僵化古典主义、发扬个性、追求中世纪艺术形式和非凡异国情调的浪漫主义建筑思潮，倡导哥特复兴式。直到19世纪，哥特复兴式室内装饰在英国仍极为盛行。此时活跃的建筑师多是借鉴中世纪的哥特式进行设计，但缺乏中世纪建筑和室内装饰考古学方面的知识，对"哥特"的理解仅限于简单效仿部分元素，并从中挑选、拼凑出符合个人趣味的样式。

　　国会大厦（图2-3-5），室内，伦敦（The Houses of Parliament，London）即威斯敏斯特宫（Palace of Westminster），哥特复兴式风格，由普金（1812—1852年）和贝利爵士共同设计建造的，贝利负责空间安排和组织，普金主导哥特样式的设计和室内装饰。对普金而言，哥特是一种正义象征，使基督教社会与"罪恶"的工业社会形成强烈对比。

图 2-3-5　国会大厦

第四节　现代主义时期室内设计思维

一、现代主义运动的兴起

受到一种新"机器美学"思想的激励，现代主义运动（Modern Movement）摒弃了室内设计中过于繁复的冗余装饰，把"批量化生产"重新定义成为满足消费需求的生产手段。合理化和标准化的概念也启迪了现代主义运动的理论家们。为了创造一个更为明亮、宽广也更具功能性的环境，大量新型材料和建筑技术被相继采用。早期的现代主义的设计师们希望通过创建一种更健康，又能体现民众意愿的设计风格来改变社会环境，改善大众的居住条件。

率先对室内装饰设计提出全盘否定的是奥地利建筑师阿道夫·洛斯（1870—1933 年）。洛斯曾在美国工作了三年（1893—1896 年），这段经历或许可以解释他为何如此厌恶新艺术风格和维也纳工坊过分奢华的室内设计。留美期间，他了解了路易斯·沙利文和弗兰克·劳埃德·赖特的设计。由于没有经历过欧洲的新艺术运动，洛斯并未受其影响，但却受到了英国的"艺术与手工艺运动"的激励。上述种种外在因素促使洛斯视装饰为一种退化了的、颓废的事物而拒绝接受。他最著名的批判文章《装饰与罪恶》（*Ornament and Crime*）于 1908 年 1 月首次在自由派的《新自由杂志》（*Neue Freie Presse*）上公开发表。文中他指出，这种强烈要求对室内表面进行装饰的行为是一种粗糙的、未开化的行为。他分别用"刺花文身""现代犯罪"以及"在厕所墙壁上任意涂鸦"三种行为作例证比喻，进行了充分的辩证论述。这种辩证虽然并未受到过多的关注，但是对于新艺术风格设计师所倡导的"在所有表面都应附以装饰"的理念却是一种挑战。他的文章和室内设计作品鞭策、鼓舞着一代建筑师们继续开拓现代主义运动。

在战前的维也纳，洛斯以一名室内设计师的身份服务于各类民用及公共建筑。他的作品，利奥波德·兰格公寓（Leopold Langer Flat，1901 年）、施泰纳住宅（Steiner House，1910 年），还有他自己的公寓设计，都展现出他对于室内空间娴熟的驾驭能力。裸露的柱梁和前卫的家具均营造出一种舒适而非"虚饰"的空间氛围。无论何时，洛斯都尽可能地将内置式家具作为他的"空间设计"（Raumplan）理念或大体量空间规划中的重要组成部分，这就涉及内部空间错综复杂的秩序问题。而洛斯在维也纳设计建造的默勒住宅（Moller House，1928 年）和位于布拉格附近的米勒住宅（Miller House，1930 年），都将这种错层式的空间处理表现得淋漓尽致。在米勒住宅的起居室内，黑色的天花横梁及勾勒门框、架子和窗架的黑色木条强调了"水平"与"垂直"的设计元素，也展示了运用矩形所带来的综合效果。洛斯娴熟的空间处理能力也在其他一些社会项目设计中体现出来，如他设计的位于维也纳卡纳特斯大街的"美国酒吧"（American Bar in the Karntner trasse，1907 年）。高挑的红木护墙板上方设置了一些镜子，用于反射周边那些黄色大理石凹陷方格天花板和平滑的绿色大理石柱，大大提开了空间纵深感与空阔感。事实上，房间的尺寸只有 3.5 米宽、7 米长，只不过对镜子的位置进行合理安排更深化了空间内这种虚幻的纵深感，同时并没有将客人反射进去。

尽管在现代主义运动中获得了巨大声誉，洛斯的《装饰与罪恶》一文于 1920 年被再次刊登在勒·柯布西耶（Le Corbusier）主办的杂志《新精神》，洛斯却未曾真正加入现代主义运动中；虽然在全面摒弃表面装饰方面起了促进作用，但他的工作主要集中在 19 世纪，因此也不曾涉及"批量生产"的问题。与他同时代的另一名建筑师彼得·贝伦斯（1868—1940 年），也是一位推动了现代主义运动的著名人物。贝伦斯供职于德国电气公司（AEG），他的设计铸就了艺术与工业两者间的全新联系。贝伦斯为公司设计的平面布局、工业设计及厂房造型都展现出清晰的线条感与现代外观，他充分利用新型材料，为工厂创造出简洁而现代的全新视野。建于柏林的 AEG 汽轮机工厂便是完全运用混凝土浇筑、由裸露的钢管构筑而成，再次印证了贝伦斯从未试图用装饰来掩盖结构的设计理念。

二、现代派艺术与现代设计

20 世纪的二三十年代是两次世界大战的间歇时期，到 30 年代初期，资本主义世界已相对稳定。此时德、美两国的工业总产值大大增强，参战国的经济状况逐渐恢复，此期间的建筑、室内设计活动颇为频繁。这一时期，西欧地区率先兴起改革创新浪潮，技术、工业、经济和文化艺术大力发展，产生了 20 世纪最重要的设计思潮和各种艺术流派。20 世纪初期是个多种流派共存的时代，其中较有影响的流派主要包括风格派、构成派、表现派、立体派等，即后来的"现代主义"蓬勃时期。

施勒德别墅（图 2-4-1），外观与室内，乌德勒支（Schroder House，Utrecht，1924 年）格瑞特·里特维尔德（1888—1964 年）设计，又称"乌德勒支别墅"，荷兰"风格派"代表，堪称该风格室内设计的典范之作。整座建筑为一个简单立方体，

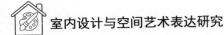

强调水平和垂直元素，整体采用原色体系，使房屋内外在视觉上显得统一、协调。红蓝椅，格瑞特·里特维尔德设计，最早表现风格派观念作品之一。红蓝椅由两端带黄色接头的黑色木条为构架，坐面与靠背漆成红蓝两色。

图 2-4-1　施勒德别墅（乌德勒支）

（一）现代主义的先驱

"现代主义运动"颠覆了各方面的传统，四位建筑领域的大师级人物走在这场运动的最前端，并在各自贯穿一生的职业生涯中发挥着至关重要的作用，他们同时在室内设计领域也呈现诸多佳作，作品明显呈现出现代主义特征。这四人分别为：沃尔特·格罗皮乌斯、路德维希·密斯·凡·德·罗、勒·柯布西耶和弗兰克·劳埃德·赖特。文中提到的贝伦斯，作为"德意志制造联盟"的核心人物，为德国的室内和建筑设计做出了重要贡献，四人中除了赖特之外，其他三人都曾经跟随贝伦斯工作，他们也受到过赖特早期设计作品的影响。

巴塞罗那博览会德国馆（图 2-4-2），室内由密斯·凡·德·罗（1886—1969 年）设计，强调"少即是多"（less is more）的设计原则，所用材料昂贵，包括黄铜、大理石和平板玻璃，但效果极致，感觉如同表面未经过装饰处理（图 2-4-3）。展览馆的结构包含一面伸展的平板和部分墙体，经过仔细安排保证空间自由流通。椅子采用皮革、铝合金制成，即日后成为经典的"巴塞罗那椅"，直到今天仍在生产（图 2-4-4）。

图 2-4-2　巴塞罗那博览会德国馆外观

图 2-4-3　巴塞罗那博览会德国馆走廊

图 2-4-4　巴塞罗那椅

　　图根哈特别墅，外观与室内，布尔诺（Tugendhat House， Brno，1930 年）由密斯·凡·德·罗设计，细长的十字形柱子支撑起空旷的起居室，柱子外层覆盖发亮的不锈钢（图 2-4-5）。室内空间被自由耸立的隔板分割，整体效果显得雅致、讲究（图 2-4-6）。

图 2-4-5　图根哈特别墅外观

图 2-4-6　图根哈特别墅室内空间分割

1840 年鸦片战争之后，中国的社会性质发生了重大变化。强势的西方近代文明使中国社会从价值观念、生活方式、甚至审美观念，都发生了重大变化。从历史文化的角度上来看，中国近现代的建筑与室内设计先后受到多次文化 思潮的冲击，产生不同的设计风格，大致分为几个阶段：

第一阶段，第一次鸦片战争到 20 世纪初为近代"萌发时期"。

第二阶段，20 世纪初至新中国成立的早期多元化发展时期，室内设计的发展与当时建筑设计的发展同步并呈现出与国际流行风格相呼应的态势。

第三阶段，新中国成立初期至 20 世纪 80 年代初期，以意识形态为主导。

第四阶段，20 世纪 80 年代后的全面开放化时代：中国近代室内设计的萌发随着外国列强在中国殖民化的深入，在城市的外国租界、租借地、通商口岸、使馆区等特定地段，相继出现了使领馆、工部局、洋行、银行、饭店、商店、火车站、俱乐部、西式住宅、工业厂房以及各教派的教堂和教会其他建筑类型。清末"新政"和军阀政权所建造的建筑中也出现了"西洋式风格"的痕迹。这些带有浓郁异国风情的西洋建筑，成为中国近代建筑的新潮流。

西洋建筑式在中国近代建筑体系和室内风格中都占据很大的比重。从风格上看，近代中国的西洋式建筑风格，早期流行的主要是殖民地式和欧洲古典式。殖民地式指一种"券廊式"建筑，是欧洲建筑传入印度、东南亚一带为适应当地炎热气候所形成的流行样式，一般为双层带联券回廊或联券外廊的砖木混合结构。欧洲古典式在近代中国的出现，则以当时西方盛行的折中主义风格为主要表现（图2-4-7）。

图 2-4-7　现代与古典的融合

（二）现代主义潮流的孕育

第二次世界大战期间及战后的岁月里，美国孕育并发展了现代主义潮流。在室内设计的历史上，美国首次超越欧洲占据了主导地位。当时，特别是战后初期，民主思潮广泛宣扬的希望与信念，使设计界的各个领域都采纳了现代主义，其主张平等，体现活力，更凸显技术专业化。

战后移居美国工作的第一代现代主义的领军人物之中，密斯·凡·德罗是重要的一位。他于1938年离开德国，受聘于阿穆尔技术学院（Amour Institute of Technology，现在伊利诺伊州），担任建筑学教授。他为学院设计了一座全新的校园，整体空间以裸露的钢架搭配砖石与玻璃为主体，简明扼要的设计方式令整个校园耳目一新。他也将同样的设计原理应用于一些住宅项目，如1950年为伊迪斯·法恩斯沃思博士设计的位于芝加哥附近的住宅（Farnsworth House Plano）。在该项目中，室内的矩形台阶缓缓地将人们带入一个单层的矩形起居空间，事实上整个空间仅一层。这里没有传统意义上的封闭式房间，不同的功能区域由一些不触顶的储物柜以隔断形式分隔。整座住宅简洁的钢结构用平板玻璃和金属屏幕覆盖，创造出一种内外互动并融于自然的开放感，令无数的战后室内设计师纷纷效仿。

　　从密斯设计的纽约西格拉姆公司大楼（Seagram Building）中，我们不难觉察出，现代主义正逐渐成为能恰当体现大型跨国集团企业形象的首选风格（图2-4-8）。美国的一些大型公司，如庞大的建筑实业公司斯基德莫尔（Skidmore）、奥因斯（Owings）和梅里尔（Merrill）等，在全世界范围都设有办公机构，并拥有大批专业的制图人员来设计现代摩天大楼。SOM设计事务所的戈登·邦沙夫特（1909—1990年）为利弗兄弟公司（Lever Brother）设计的利弗大楼（Lever House，1950—1952年），位于纽约高楼林立的大厦街区。桩柱上方是一个夹层，幕墙则耸立于夹层之上。设计中的许多技术改革成为战后室内设计的典型特征，并开始广泛运用到室内装饰中。如将空调系统和电缆悬挂安置在每个楼层的天花隔板内，比起隐藏在地板下或灰泥后面，这种方式显然更加便于维修。在开放的室内办公空间里，成排的桌子与小型隔断设置取代了原先的走廊和小型办公室。

图2-4-8　纽约西格拉姆公司大楼

　　奎克伯恩·提姆是一位来自德国的管理顾问，在20世纪50年代提出了这种开放型办公的理念。他用包裹着织物的隔断、桌子、收纳橱柜和植物等分隔大面积的地面空间，布局设计不严格界定工作等级制度，而是围绕着交通流量进行考虑。尽管到70年代时，外界开始质疑这种纯粹强调功能性而刻板的办公环境，认为对员工的工作环境进行严厉监管是不合理的，但这种模式还是在全世界范围内被采用了。

由 SOM 设计的美国联合碳化物公司纽约总部（Union Carbide Headquarters，1959）是一项具有世界影响力的项目。这座多层摩天大厦被设计成由相互协调的几部分组成的系统，建筑表面由不锈钢结构与玻璃幕墙构筑而成，看似低调却造价极高；室内的隔板、收纳橱柜以及天花板上的格栅与窗户的竖框都采用矩形形状，彼此呼应；配备了空调设备和顶部采光，工作环境完全在控制之中；公司内部的等级制度主要通过座位的设置体现出来，管理阶层往往占用顶部楼层及靠窗的位置，不过等级差异也体现在工作区的大小和私密度上。值得一提的是，这是当时第一座采用完全铺设地毯消除噪音的办公大楼。

这些设计革新标志着室内设计以所谓的固定的装饰形制而迅速崛起，也就是说，设计更加倾向于商业性而非住宅用途。SOM 确立了他们在这个世界性市场中的领导地位，在 20 世纪 60 年代早期为百事可乐公司（Pepsi Cola）和曼哈顿银行（Chase Manhattan Bank）设计多层办公大厦。在戴维斯·阿伦（1916—1999 年）的指导下，室内设计风格始终保持着传统的现代风范，也就是密斯·凡·德罗惯用的较为朴素的典型风格。

在加入 SOM 之前，戴维斯·阿伦曾在诺尔设计机构（Knoll Planning Unit）工作。在弗洛伦斯·诺尔（生于 1917 年）的管理下，这个事务所逐渐成为美国专业从事商业室内装饰设计的主要事务所之一。与 SOM 一样，其风格象征着美国资本主义，CBS、亨氏食品公司（H.J.Heinz）和考尔斯杂志（Cowles Magazines）等大型企业设计也主要受到密斯·凡·德罗简洁纯净、造价昂贵但却富有魅力的风格的启发。

（三）现代设计教育的开展

在家居设计领域，纽约现代艺术博物馆从 1931 年创办开始，就对大众开展现代设计教育。1953 年出版的《何为现代室内设计？》一书，内容正是源自 1947 年举办的展览——"近五十年间的现代室内空间"。博物馆馆长埃德加·考夫曼沿着威廉·莫里斯的足迹探寻至包豪斯，再到最后的弗兰克·劳埃德·赖特，追溯着现代室内设计的发展与变化历程。在此次展览中，建筑师们展出的所有项目作品，均为私人住宅或为陈列展示的设计。

战争以后，其他的设计领域为专业设计的人才储备预留出空间。例如，过去的商业艺术家如今成了平面设计师，工业设计师的地位也得到了提升。对于室内装饰设计，其职业性的发展则不能与这些设计领域相比，这可能是由于它是由装饰师所开创。1889 年，一群著名工匠共同创办了英国装饰师联合协会，到 1953 年又在名称中附加了"及室内设计师"几个字，由此该项新专业领域的诞生得到认可。而后，到了 1976 年，名称中省略"装饰师"几个字，这个组织由此发展为英国室内设计协会，并最终于 1987 年与特许设计师协会合并。在美国，类似的设计机构也以相似的途径发展。如 1931 年创办的美国室内装饰师协会，在 20 世纪 70 年代变更为美国室内设计师协会。接踵而来的杂志有《室内设计和装饰》，该期刊自 1937 年开始出版，主要面向室内设计师群体，在 50 年代，名称中省略了"装饰"二字。同样，《室内装饰家》杂志，在 1940 年也将名称简化为《室内》。在英国，专业杂志出现得较晚，并不追随美国潮流，新的室内布置只是周期性地刊登在一些杂志上，如 1896 年创办的建筑杂志《建筑评论》，而以家庭设计为核心内容的《室内天地》则在 1981 年 11 月才首次出版；最早提及有关固定的装饰形制室内设计问题的《设计师杂志》也是在 1983 年出版的。

　　20 世纪 60 年代晚期的英国，随着高等教育课程的开设，室内装饰设计师的职业趋于正规化。到 1968 年，有五所艺术大学为室内装饰设计师开设了文凭课程（Diploma Course，即完成课业后能拿到正式的学位证书），皇家艺术大学的室内设计学院还开设了研究生课程。而在美国，早在 1896 年就由查尔斯·阿尔瓦·帕森于纽约创办了帕森设计学校（Parsons School of Design），专门进行室内设计培训。此外，于 1916 年创立的纽约室内装饰设计学校（New York School of Interior Design）和 1951 年创办的纽约时尚技术学院（Fashion Institute of Technology）也都设立了相关专业。到 80 年代，美国的大多数艺术院校都开设了室内设计学位课程。

第三章　空间内的艺术风格

自 19 世纪起，不同艺术风格不断展现，本章主要分析 19 世纪以来较为有特点的艺术风格。第一节为改良的维多利亚风格；第二节为现代主义风格；第三节为波普艺术风格；第四节为多元的后现代主义的艺术风格。

第一节　改良的维多利亚风格

一、维多利亚风格产生的背景

19 世纪，对室内设计产生最重要影响的是"艺术与手工艺运动"。这一发源于英国的运动，对 20 世纪的设计领域产生了十分深远的影响。在此之前，室内设计风格的主要变化往往与贵族阶层相关，建筑师、装饰设计师包括家具商们均服务于贵族，但这些都随着工业革命的推进而改变了。一个新生的中产阶层正在不断壮大，纵然他们自身的审美修养尚达不到对艺术的精准理解，也不具备艺术判断的能力，却依然痴迷于在视觉上得到满足，并去表现与炫耀，以便匹配他们与日俱增的财富。维多利亚时代的中产阶级一般都居住在城市近郊的新式庄园里。当时的繁文缛节对这类简单朴素的三层式楼房的室内形态都做了规定，包括居住者在家中的饮食起居方式，于是大量关于社交和室内装饰的指南手册便涌现出来，其中以比顿女士编撰的《家务管理手册》（*Book of Household Management*）为先，该书于 1861 年首次在英格兰出版；继而是达菲女士于 1871 年在美国出版的《妇女须知》（*What a Woman Should Know*）。

这些手册制定了一系列有关宾客接待、宴会组织及用人管理的规范，由此当时社会在家庭治理方面所表现出的严谨与刻板可见一斑。诸如墙纸、织物和地毯之类的家庭装饰品当时已被批量生产，并且一上市就被中产阶级争先购买，他们想通过模仿有钱人家起居室的家居陈设，来仿效上流社会。这种起居室通常是用来会客的，其墙面上通常悬挂带有蕾丝坠饰的厚窗帘，地面上常铺有布满图案的

44

地毯，并摆放色调浓郁的靠垫座椅和精美华丽的家具等，同时，设计师还尽可能地在空间内布置大量饰品、装饰画等，以便呈现出舒适、华贵而又大气的氛围。这些家具通常可以在新型百货商店中买到，在美国还可以邮购。在 19 世纪 70 年代，美国的一些生产商如 Mc Donough（麦克多诺）、Price and Co（普莱斯）等公司设计制作的七件式组合家具系列，均选用华丽的织物，并配有纽扣、簇饰、褶皱及缘饰等细节装饰，创造出奢华的感官效果。而在 19 世纪 40 年代的法国，则流行装有内置弹簧的座椅，这种座椅到了 19 世纪 50 年代俨然成为多数起居室的共同选择。弹簧座椅之所以流行并非仅仅因其所具有的舒适性，更重要的是因为它满足了人们视觉上的要求：弹性使得座椅在使用之后能迅速恢复到先前的平整状态。订制维多利亚时代的起居室布局的首要目的在于要给人留下深刻印象，甚至工人阶级的家庭主妇也有这种需求。维多利亚时代的中产阶级彰显尊享安逸和富足的渴望无所不在，但无论如何，由此带来的审美新标准都令当时的批评家们感到不安，于是在 19 世纪涌现出大量对审美修养与室内设计提出建议的著述。A.W.N. 普金（Augustus Welby N.Pugin，1812—1852 年）赋予"优秀的"设计以高尚的道德标准。普金领导了一场推崇哥特式风格（Gothic style）的运动，他相关的著作《对照》（Contrasts，1836 年）及另一部更翔实的《尖券建筑或基督教建筑之原理》，对普金来说哥特式风格是正义的基督教社会应有的表现形式，这样的社会与具有种种弊端的 19 世纪工业化社会反差强烈。在维多利亚时代，"哥特式复兴"主要是由普金及其为查尔斯·巴里爵士（Sir Charles Barry，1795—1860 年）设计的新议会大厦（House of Parliament）进行的室内设计而引发的。这一风格的使用一直延续到 20 世纪，并渗透进"艺术与手工艺运动"的进程中。

二、哥特式艺术风格的复兴

哥特式风格的复兴，被设计师威廉·伯奇（1827—1881 年）以一种更为辉煌的形式呈现出来，尤其体现在他为另类的豪门客户比尤特侯爵（Marquis of Bute）创作的作品中。伯奇堪称两部"哥特式狂想曲"的作品，分别是卡迪夫城堡（Cardiff Castle，1868—1881 年）和紧邻的红色城堡（Castell Coch，1875—1881 年）室内奢华而张扬的装饰基调是维多利亚时期倾向于将中世纪浪漫化的典型表现。色彩明艳的墙壁与天花板伴有雕饰和镀金，房间里也装点着源于基督教会的雕饰或绘画形象。伯奇设计的家具十分厚实，并饰以尖拱式或类似的雕刻。其灵感都来自哥特式建筑和家具。

普金的作品对于 19 世纪英国艺术与设计界的先驱作家约翰·拉斯金（1819—1900 年）来说无疑是一种鼓舞。拉斯金在英国《泰晤士报》上发表的文章以及《建筑的七盏明灯》（*The Seven Lamps of Architecture*，1849 年）和《威尼斯之石》等著作，都影响了当时室内设计的品位。他反对当时颇为普遍的用一种材料模仿另一种材质的做法，也反对在哥特式无法被超越时创造一种新风格的尝试。与普金一样，在拉斯金看来，周边的丑陋现象正是这场工业革命带给大众的悲惨处境的必然结果。拉斯金强烈反对当时维多利亚风格统治下盛行的为彰显主人的财富与地位而在房间内堆砌无度的做法。他在《建筑的七盏明灯》中写道："我不会将花销用于不起眼的装饰与死板的形式上；不会去制作天花板的檐口、门上的漆饰木纹、窗帘的流苏，以及诸如此类的东西；不会去拥有那些已经变成虚伪而粗鄙的俗套的东西——整个行业依赖于这样的日用品，这些东西从来没有给人以一丝愉悦感，也没派上一丁点儿的用处，它们耗去了人生一半的开支，并且毁掉了人生中大半的舒适、阳刚、体面、生气与便利。"

"我所确信的是，"拉斯金在文中继续讲道，"比起头顶精雕细刻的天花板，脚踩土耳其地毯，背靠钢质的炉架和精致的壁炉挡板，我宁愿选择待在简朴的小农屋，它的屋顶与地板只铺松木，灶台仅仅用云母片岩砌成。我敢肯定，这在许多方面都更健康而令人快乐。"

拉斯金对新式的批量生产家具与室内陈设的批评，于他刊登在 1854 年 5 月 25 日的《泰晤士报》的一封信中再度表露出来，文中讨论了画家威廉·霍尔曼·亨特的名为"良心觉醒"（*The Awakening Conscience*，1854 年）的一幅关于通奸主题的画作，拉斯金认为对于室内设计来说，这是一种"致命的新奇"。对拉斯金而言，这种新式家具与道义、美德简直是水火不容的。

拉斯金对批量生产的家具的抵制与他对过去的设计的鼓吹，影响了整整一代的作家与设计师，其中最为著名的便是身为社会主义者、设计师及"艺术与手工艺运动"发起人的威廉·莫里斯（1834—1896 年）。莫里斯为了"让我们的艺术家成为手艺人，让我们的手艺人成为艺术家"而发起了 19 世纪 80 年代的"艺术与手工艺运动"，使室内设计与家具及陈设品的生产成为建筑师及艺术家的正当职业。莫里斯在牛津大学埃克塞特学院（Exeter College）完成了神学课程之后，对神职人员的生涯渐生倦意，转而对建筑艺术产生了浓厚兴趣。在抛弃神职成为一名艺术家之前，他曾在哥特复兴式建筑师乔治·埃德蒙·斯特里特（1824—1881 年）的事务所工作过，不过这份工作不久便终止了。1859 年，莫里斯与简·伯登结婚，之后的他全身心地投入到了设计事业之中。

莫里斯不仅推进了设计的革新，更发展了通过手工艺品制作来训练设计师的新方法。此前，在手工艺品制作过程中，设计与制作是截然分开的两个过程。建筑师威廉·理查德·勒沙比最伟大的成就，便是在1894年成立了伦敦中央工艺美术学院（London Central School of Arts and Crafts），这也是第一所拥有手工艺教学车间的艺术院校。

这一时期，购置新发现的古董来装饰室内也首次成为一种时尚，这完全因为受到拉斯金和莫里斯的影响。被认为是罗赛蒂的作品并由莫里斯公司生产的萨塞克斯椅（Sussex Chair），是对早期乡土样式的再创造。然而，罗赛蒂于1862年搬迁到伦敦切尔西（Chelsea）的新住宅时，他为新居所选配的家具，则出自不同时期，兼具多种风格。19世纪80年代的"艺术与手工艺运动"的关键之处在于，一把椅子，无论它的设计是源于17世纪还是19世纪，都应凸显其手工制作痕迹，并且人们可以看到关节接合处。结构表露越清晰，部件就越真实，这与被主流推崇的那种机器雕琢的、打磨精致的装饰面之间的对比也就愈加强烈。这一风潮导致了"古董运动"（Antiques Movement）的兴起，这场运动在19世纪末发展势头强劲，并且得到行家商人们的支持，出版的各种家具史书籍也力推这场运动。

然而，莫里斯及"艺术与手工艺运动"对随后的室内设计产生的影响大都体现在艺术形式上，而非理念层面上。莫里斯公司生产的"真实"的家具，价格昂贵且限量出售。他本人是个颇具天赋的图案设计师，例如他的印花布设计作品"郁金香"（Tulip，1875年）和"龙虾"（Cray，1884年），都汲取了自然元素的交织线条和形态，这些随后激发了英国、美国及欧洲大陆的设计师们的创作灵感。

沃伊齐（1857—1941年）是"艺术与手工艺运动"第二代建筑师，秉持尊重乡土与真实的手工技艺的原则进行房屋及室内设计，他将兴趣扩展到其设计项目中的壁纸、纺织品、地毯乃至家具。位于赫特福德郡乔利伍德的"果园"（The Orchard，1899年），是沃伊齐自己的住所，便是以英国乡村样式为基础设计的，带有壁炉隅（巨大的近火炉的凹形角落）与朴素的家具。但沃伊齐对比例的把握极为大胆，这一特点也影响着另一个建筑设计师查尔斯·伦尼·麦金托什。在"果园"的设计中，沃伊齐将厅堂大门的高度提升到画镜线之上，其宽度被几乎横跨整个门的带心形尖端的金属折页所夸大。其设计的另一个特点是将室内的木质器具及天花板都漆成白色，并与大面积的玻璃窗相结合，尤其是在餐厅，这种维多利亚时代早期风格的设计使得室内十分明亮，甚至是耀眼。沃伊齐坚信朴素、真实的室内陈设与家具是要优先考虑的，这一点是压倒一切的。与沃伊齐同时代的另一位建筑师麦凯·休·贝利·斯科特（1865—1945年），则更多的是在家居空间中使用色彩并突出装饰细节,例如在窗户上运用彩色玻璃,或在墙上印制图案等。

三、"艺术与手工艺运动"得到发展

在 19 世纪 90 年代的这段时间里,中欧的"艺术与手工艺运动"发展势头迅猛,甚至直到 1925 年举办的巴黎装饰艺术博览会(Paris Exposition des Arts Decoratifs)上,仍可以明显地觉察到它留下的痕迹。博览会上,由约瑟夫·柴可夫斯基设计的波兰馆采用源于民间艺术明快的彩绘作为装饰,希腊展区则展现了希腊农居。

威廉·莫里斯的设计同时也鼓舞了 19 世纪 60 年代末至 70 年代的唯美主义运动(Aesthetic Movement),这是一种英国非传统的改良主义设计风格,在美国产生了巨大影响。唯美主义运动的另一主要灵感是日本设计。1862 年,英国驻东京领事卢瑟福·阿尔科克在伦敦举办的国际博览会上展示了一批其收藏的日本手工艺品,英国公众才第一次见到日本设计。这些朴素而又富有异国情调的蓝白瓷器、丝绸及漆器深深吸引了英国的设计师,激发了他们急切地寻求另一种风格,来替代批量生产化的复古主义与奢华。展会上,大部分的日本展品被法默和罗杰斯公司(Farmer and Rogers)收购,以充实他们销售日本丝绸、印刷品和漆器的"东方宝库"的存货。1862 年,公司聘用了阿瑟·拉桑比·利伯缇(1845—1917 年),1875 年他买下公司全部的日本存货,并创建了自己的东方商场(Oriental Bazaar)以销售市面上流行的日本风格商品。不久,他又开设了利伯缇商店(Liberty's),将东方的陶瓷和纺织制品搭配英国设计的金属制品和家具,以创造时髦的室内装饰时尚,由此形成了独特的利伯缇公司的风格。

唯美主义运动缺乏"艺术与手工艺运动"所具有的道德关怀。它的目标仅仅是为品位已然成熟的维多利亚时代的中产阶级创造一个更为轻松、健康的"艺术性"室内空间。其间,这场运动中的建筑设计师埃迪斯(1839—1927 年)在他的著述《健康的家具设计与装饰》(Healthy Furniture and Decoration,1884 年)一书中,强调在卧室里不应使用带有"刺激的、令人不快的色彩和图案",因为这些容易使人"神经过敏、紧张"。尽管有对健康的关怀,但"为艺术而艺术"的口号还是道出了这场运动的旨趣所在,它与莫里斯的政治抱负形成了鲜明对比。1882 年,阿瑟·海盖特·麦克默多(1851—1942 年)创建了为时短暂的世纪行会(Century Guild)。该组织与威廉·莫里斯的信念一致,同样试图将优秀的艺术融入日常的生活之中,于是设计并展出了融合自然主义装饰风格的家具、纺织品和墙纸等,其中也包括了效仿莫里斯曾运用过的带有形态纤细、色彩艳丽的日本风格设计元素的作品。

建筑师理查德·诺曼·肖（1831—1912年）早期设计的住宅建筑与"艺术与手工艺运动"所倡导的风格在很大程度上具有共同之处。他常在暖和而带镶板装饰的房间中设计壁炉隅和厚重的橡木家具。他设计的位于诺森伯兰郡的峭壁山庄（Cragside，Northumberland，1870—1885年）就是一个典型的例子，这也是第一座采用水力发电进行室内照明的住宅建筑。与此同时，诺曼·肖开创出一种以"安妮女王式"（Queen Anne）著称于世的与众不同的建筑风格，为人们营造一个明亮、舒适、优雅的居室氛围。另一处位于伦敦切尔西的老天鹅别墅（Old Swan House，1875—1877年），室内装饰采用的是"安妮女王式"的桌椅、橱柜和日式蓝白色相间的器物。作为主要房间的起居室设在一楼，房间宽度横跨了面向街道的整个立面，由此将三扇"安妮女王式"的窗户一并容纳到了一个房间中。

利物浦船业大亨弗雷德里克·莱兰，也是一位日本陶瓷收藏家，他的孔雀大厅（Peacock Room）堪称唯美主义品位的典范。画家詹姆斯·麦克尼尔·惠斯勒（1834—1903年）将用皮革覆盖的壁面刷成令人惊叹的青绿色，并画上金色的孔雀，这是这场运动的典型象征。而在伦敦肯辛顿（Kensington）还有一座宽敞又别具异国情调的住宅，出自设计师乔治·艾奇逊（1825—1910年）之手，是其为时髦的艺术家雷顿勋爵设计的。该建筑构思独特，拥有一个阿拉伯式的庭院，内部设有喷水池、格子框架，还铺有伊斯兰瓷砖。相比之下，平面艺术家林利·桑伯恩的新式住宅就显得更为朴实。房子位于肯辛顿的斯塔福德露台（Stafford Terrace），从1874年开始其主人以唯美主义风格对其进行装饰，如今由维多利亚协会保管。设计于1870年的伦敦城郊的贝德福德公园（Bedford Park）是诺曼·肖等为趣味相投的中产阶级审美家们设计的住宅区。

在1882年至1883年间，英国剧作家、诗人奥斯卡·王尔德举行了巡回演讲，向美国民众介绍时髦的英国趣味。王尔德当时刚刚将他位于切尔西泰特大街的住宅交给爱德华·W.戈德温（1833—1886年）进行重新装修设计。戈德温是唯美主义运动中的一位建筑师，王尔德本人也正是通过这次合作了解到了唯美主义运动的原则。在将英国设计传播到美国的过程中，书籍也发挥了重要作用。查尔斯·洛克·伊斯特莱克1868年在伦敦出版的《家居品位指南——家具、装饰材料及其他》，1872年到1890年间在美国出了7版。书中，伊斯特莱克抨击了专业装饰公司的做法，斥责他们一味煽动昙花一现的潮流："在主妇们的眼里，没什么家具饰品能比最时髦的家具饰品商所卖的东西更好，究竟从何时起，人们竟开始接受'最新潮的样式必然是最好的'这种荒唐的观念了？难道高品位的标准已进化到任何出自陶工之手的马克杯都比最差的模制杯子好看的地步了吗？"

受莫里斯的影响，伊斯特莱克极力推崇他的结合了哥特复兴式设计的古董家具。这些家具包括装饰有尖拱与雕刻出来的哥特式饰物的坚固的柜子、长凳和书橱。然而，与他那符合美国人的审美想象的哥特式风格相比，他的著述更具有改革精神。他的书的影响极大，以至于以他的"造型简洁、结构精良"的信条为基础的"伊斯特莱克家具"（又称"艺术家具"）在美国得以生产。19世纪七八十年代期间，查尔斯·蒂施和赫脱兄弟在纽约生产这些家具。

第二节　简约的现代主义风格

一、现代主义风格产生的背景

在一种新的审美风潮"机器美学"的驱动和鼓舞下现代主义运动（Modern Movement）摒弃了室内设计中过于繁复的装饰，对"批量化生产"这一概念进行了重新定义：为满足消费需求而制造。这一解释相对合理也更加标准，很好地鼓舞了现代主义运动的理论家们同时，为了创造更加明亮、宽广、更具功能性的环境，大量新型材料和建筑新技术被相继采用。现代主义早期的设计师们希望创建一种更健康、更能体现民众意愿的设计作风来改变社会，改善大众的日常生活。

马勒别墅，室内与楼梯，维也纳（1928年）由奥地利建筑师阿道夫·卢斯（1870—1933年）设计，率先对装饰提出全盘否定。"嵌入式家具"（Built—in）是卢斯在空间表达上的重要特征，涉及室内错综复杂的秩序问题，但将错层式空间表现得淋漓尽致。

一个与"机器时代"息息相关的组织机构，在赫尔曼·穆特修斯和凡·德·费尔德的支持下，于1907年在柏林成立，主要目的是联合艺术与制造业，共同改善德国设计。穆特修斯密切关注并系统地考察了英国现代工业的发展情况，其成果对德国建筑界产生重要影响。他忠实设计教育，主张国家的技术标准体系与设计美感标准相统一，正确地引导了"设计忠实于国家意志"的方向，为德国日后的设计强盛打下了良好基础。

贝伦斯在 AEG 所做的设计得到了德意志制造同盟成员们的一致赞赏。德意志制造同盟是一个与"机器时代"息息相关的组织机构，在赫尔曼·穆特修斯和凡·德·费尔德的支持下，于1907年在柏林成立。到1910年，该机构已发展到拥有700多名成员，其中约有一半是工业设计师，其他的是艺术家。它的主要目的便是要将制造业（主要针对工厂主）与艺术家联合起来，共同改善德国设计。德意志制造同盟并不忽视批量生产，为了提升工业设计水准开展了一项特色推广活动，将已经获得认同的产品设计公布在年刊和一些公众宣传资料上。与该组织相关的设计师们都试图将新的功能主义美学观应用到室内设计之中，卡尔·施密特便是其中一位。施密特是德意志制造同盟的创建者之一，同时掌管着一家家具制造公司——"德国制造"。在"同盟"设计师理查德·里默施密德的帮助下，该公司设立了一处新工厂，专门从事批量生产标准化家具和预建房屋。对建造大批量住房的改善成为"制造同盟"所要关注的重点之一。

虽然在某种程度上，德意志制造同盟已经为批量生产的设计向崭新的美学观过渡铺平了道路。但是从一开始，在商界与艺术界之间就存在着观念上的分歧。这种冲突在1914年举行的制造同盟会议（Workband Conference）上表现得尤为尖锐。在会议上，穆特修斯提出设计应当标准化，并由一定数量的"符号形式"组成，这样也有利于德国经济的发展。凡·德·费尔德则反对这种改革，认为这样将会抑制和抹杀个人的艺术创造灵感。他的观点赢得了会上多数人的支持。可见，在成员们的思想之中，艺术的价值观早已根深蒂固。

沃尔特·格罗皮乌斯（1883—1969年）倾向于凡·德·费尔德的立场。他深信，个人的创造力与艺术的完整性对于支持全新的现代主义美学观而言，是极为重要的。1914年，他为中欧卧车及餐车股份公司（1914年）设计的卧铺车厢，体现了对有限空间的功能性利用。在1910年至1911年间，他与阿道夫·梅耶尔（1881—1929年）合作，设计了专业生产鞋楦的法格斯工厂。这座位于莱茵河畔阿尔费尔德的工厂建筑堪称是现代主义运动的设计典范。1907年到1910年，格罗皮乌斯在贝伦斯事务所工作，从他建筑格调上所表现出的"极度简洁"可以看出贝伦斯对他的影响。在法格斯工厂的设计中，最令人震撼的是楼梯间的设计，这个楼梯间一直延伸到空间另一端，几乎完全暴露在巨大的玻璃窗下（图3-2-1）。格罗皮乌斯是一位颇能巧妙利用新结构与新技术的设计师。在"制造同盟"于1914年举办的科隆博览会（Wordhand's Cologne Exhibition of 1914）上，他通过一个工厂模型大胆地展示了这种开创性的设计理念：一种被玻璃立面紧紧包围而螺旋向上的楼梯间样式。

图 3-2-1　法古斯工厂（楼梯间暴露在玻璃窗下）

　　格罗皮乌斯的大胆设计引起了凡·德·费尔德的注意，他推荐格罗皮乌斯成为魏玛工艺美术学校（Weimar Kunstgewer Beschule）的新任校长。该校就是包豪斯学校的前身。包豪斯于 1919 年正式建立后，由格罗皮乌斯担任校长一职。学校的主要目的一是要将美术和工艺贯穿起来进行教学，二是在艺术和工业这两个曾经存在着巨大沟壑的领域之间建立起沟通的桥梁，而第二个目的未能实现。学校并非从事工业设计，而主要是作为艺术实验与工艺生产的中心。作为一个设计交流的国际性平台，包豪斯对现代主义运动的发展有着不可磨灭的作用。风格派的影响也相当重要。这是一个于 1917 年成立于中立国荷兰的组织，其拥有一份发行量不大的同名的杂志。受到神智学者的新柏拉图派哲学的启发，画家蒙德里安、设计师兼理论家和画家的凡·杜斯堡以及设计师格里特·里特维尔德创造了新的美学观念。风格派试图借黑、白、灰三种最基本的颜色，创造出朴实、大众却又能完美地表现简洁几何形体的设计形式。风格派设计师们为达此目的，尽可能地将自己的设计限定在水平和垂直的几何平面上。1918 年，里特维尔德设计的红蓝椅（Red/Blue chair）就是最早表现这种美学观念的作品之一：椅子的结构是由螺钉将油漆胶合板简单地拧在一起，似乎是在对物质的基本形态提出最根本的反思。里特维尔德还把风格派的这种理念应用到实际的工程项目之中（图 3-2-2）。1924年，他为业主特鲁斯女士于荷兰乌德勒支郊区设计了一栋小型住宅——施罗德别墅（Schroder House，Utrecht，1924 年），该作品极其典型地表现了风格派美学理论在室内设计中的突出运用。

图 3-2-2　里特维尔德设计的红蓝椅

　　对水平感与垂直感的强调以及对色彩区间的限定，都使房屋的内外空间在视觉上显得统一又协调。里特维尔德的创作灵感来源丰富，包括日式的住宅设计和弗兰克·劳埃德·赖特的设计作品。他看了于 1910 年和 1911 年由瓦斯穆特出版发行的赖特作品《瓦斯穆特作品集》，其中包括赖特的著名演讲——《机器美学下的艺术与工艺》，以及他的工作规划和照片等。无论是弗兰克·劳埃德·赖特为弗朗西斯小筑（Francis Little House）设计的起居室还是里特维尔德设计的室内作品，均重复着水平和垂直线条的主旋律。里特维尔德设计了整座建筑，包括房屋的固定装置及全部配件。上层被设计成可变动的形式，房间被设置在楼梯井边，滑动隔板可界定工作室和卧室区域，或者推开隔板，整个楼层则成为自由贯通的空间。1924 年，凡·杜斯堡发表了名为"一座可塑性建筑所应具备的十六大要素"（"Sixteen Points of a Plastic Architecture"）一文，文章中详尽地描绘了这种颇令人激动的空间形式。杜斯堡在文中谈到了风格派："这是一种反立体形式的新型建筑，即不必在一个封闭的立方体内，固定住不同功能的空间单元，而是从建筑的核心离散分布着这样的空间单元（包括悬垂的平台、阳台、房间等）。"

　　凡·杜斯堡将风格派带到了魏玛，并且为当时的包豪斯（1921—1923 年）开设了一门非正式的课程，与当时学院内强调神秘色彩和工艺装饰的正式课程形成竞争态势。

二、构成主义的对先锋派运动的影响

　　另一个对包豪斯理论的形成具有影响的先锋派运动是构成主义（Constructivism）。

1917 年俄国爆发"十月革命",先锋派的艺术家们开始寻求一种更唯物主义的艺术设计来迎合无产阶级的需要。弗拉基米尔·塔特林（1885—1953 年）、亚历山大·罗琴科、瓦尔瓦拉·斯捷潘诺夫和伊尔·李斯兹基（1890—1947 年）等人在 1917 年以前都是杰出的艺术家,但他们认为当时的艺术家既肤浅又自我放纵。由此,这些艺术家们转而为革命服务,例如为艺术院校工作或是为工人阶级设计实用的工作服等。1922 年,伊尔·李斯兹基在柏林组织了一个苏维埃艺术展览,他创办的杂志《目标》将俄国的构成主义（Russian Constructivism）理念传入德国。

20 世纪 20 年代起,激进派开始对包豪斯产生显著的影响。格罗皮乌斯调整了教员结构:聘请俄国的抽象派绘画先驱瓦西里·康定斯基（1866—1944 年）管理壁画工作室;邀请匈牙利的构成派艺术家,同时也是实验派画家兼摄影师的拉斯洛·莫霍伊—纳吉（1895—1946 年）承担基础课程（Basic Course）的教学工作。1923 年,包豪斯做了教学成果的首次公开展览,从展览中可以觉察出其教学重点从手工艺转变到了现代设计。此次展览安排在与一年一度在魏玛举行的制造同盟会议同时进行,而大获成功。在展览中,包豪斯通过一座经过特殊设计的建筑将学校的新型教学方法呈现得淋漓尽致,这座展示建筑以它坐落的街道名字命名——霍恩展示馆,在阿道夫·梅耶尔的指导下,由乔治·穆赫担任设计。建筑由钢铁和混凝土构成,房子规划以简单的方形为基础,主要的生活区被设置在中心地带,位于上层的面积不大的窗户用于采光,强调功能性,每个空间均功能明确,确保了效率最大化。包豪斯的成员们设计并制造了所有兼具简洁外观与实用功能的设施和家具。其中由一位名叫马塞尔·布罗伊尔（1902—1981 年）的学生设计的厨房,就是对家务空间进行合理设计的早期优秀案例。在该案例中,室内安装了一个连续的工作平台,还有很多形状相同且已投入批量生产的存储罐。

这次展览奠定了包豪斯在创造新功能美学方面的领导地位。1925 年,学校被迫从魏玛搬到德绍（Dessau）的一个工业城镇,它的领导地位在这一期间得到了进一步的巩固。格罗皮乌斯承担了校舍及教员与学生们的居住区的设计。针对教学、行政办公和学生们的住宿需求,居住区由钢筋混凝土建造的矩形大楼连接而成。这是第一座以现代主义风格设计的大型公共建筑:格罗皮乌斯全部采取平屋顶形式,在一幢有四层工作车间的大楼内,使用巨大的玻璃幕墙,以便为教学提供更优越的采光环境;利用滑轮系统可以同时打开十扇窗户,其体现的精湛的技术令人赞叹。建筑的室内设计由包豪斯的工作车间完全承担。其中,莫霍伊·纳吉设计了剧院的角形金属灯,马塞尔·布罗伊尔（原为包豪斯学生,现为该校讲师）设计了一款金属管座椅。

　　迁址德绍，标志着包豪斯的实验性设计风格进入了成熟时期。由学生玛丽安娜·勃兰特、K.J. 尤克尔和威廉·瓦根费尔德等设计的灯具成为包豪斯工厂产品的最为成功的典范。这些灯具不仅外观时尚现代，使用起来也不失坚固与实用，在 20 世纪 20 年代晚期到 30 年代期间被大量地生产、销售。包豪斯另一个商业上取得成功但并不前卫的作品是为德国朗饰（Rasch）壁纸制造有限公司设计的有图案和纹理的墙纸。这家公司在 1930 年便将此设计投入生产。此外，包豪斯最著名的产品非金属椅莫属了，这些作品如今被看作现代主义运动的象征。布罗伊尔设计的钢管椅，赫赫有名的瓦西里椅（Wassily Chair）是 1925 年为康定斯基的员工楼而设计的，由标准家具公司改造后生产。遗憾的是，这些设计均选料昂贵且制作工序繁杂，致使椅子的定价远高于当时的另一家竞争企业——以设计简单的曲木家具为主的奥地利索涅特兄弟公司（Thonet Brothers）。包豪斯的设计受到"机器美学"的鼓舞，就其外观而言，它们的产品看似很适应工业化批量生产并具备巨大的市场潜力，而事实上，它们的风格和价格决定了这些设计或许只能更多地为时尚的中产阶级所拥有。

　　1928 年，沃尔特·格罗皮乌斯辞去校长一职，由激进的建筑师汉斯·梅耶（1889—1954 年）继任。汉斯·梅耶认为包豪斯过于孤立，必须更多地与外界保持联系。在汉斯·梅耶管理期间，学校创造了许多与工业界的合作成果，最著名的是与朗饰的合作。他创办新的室内设计学部，主要针对家具和器具，从而取代了负责金属加工和橱柜制作的工作室，建筑学部成为最重要的部门。包豪斯的十二名学生被安排到德绍州的远郊特坦地区负责设计批量建造的住宅。但是，汉斯·梅耶的社会主义倾向致使他受到德绍州地方政府和公众的排斥，因而不得不在 1930 年被迫辞职。校长一职也由另一位更加保守的德国建筑师密斯·凡·德罗厄担任。

　　密斯不是一位受学生欢迎的校长，因为当时的学生在汉斯·梅耶的熏陶之下，将兴趣与热情更多地倾注于批量建造的房屋设计上，也更热衷于挖掘现代设计的潜在价值。德国其他地方的设计师也曾尝试这种设计理念。例如，由格雷特·许特·莱霍茨基于 1926 年为建筑师恩斯特·梅设计的法兰克福厨房便是其中之一。由于法兰克福的城市住房供给十分紧张，恩斯特·梅和他的同事不得不设计廉价且实用的住所来最大限度地容纳更多的居民。受狭小空间的限制，家具被统一设计成特殊的嵌入式形式，以便获得更大的使用空间。1913 年，克里斯蒂娜·弗雷德里克在纽约出版了《新家务指南》，针对无佣人家庭如何节省时间和精力提出了一些建议。克里斯蒂娜认为，厨房仅仅是用来备餐的，而不能用于就餐和清洗

衣物。她同时又指出，应当尽可能地减少消耗在来回于家电和工作区之间的时间。有关提高家庭管理效率方面类似的书籍，包括如何在轮船和火车上设计微型厨房等现实问题，都直接或间接地影响着设计师们的理念与创造。

三、现代主义运动的设计思潮兴起

勒·柯布西耶这时期的建筑设计展现出纯粹主义的美学理论，代表作品有位于法国加尔什地区的斯坦因别墅和位于法国巴黎边郊普瓦西的萨伏伊别墅。这两栋别墅在室内设计上均采用双层形式，也都带有屋顶花园及斜面连接的楼层。柯布西耶把它们当作流动的空间去规划，而非被填塞或者装饰的既定区域。此外，他与夏洛特·贝里安设计的家具也是室内不可缺少的组成部分。这些家具经过设计师仔细考虑后得以精心安置，如同雕塑作品般极具审美情趣。

1929 年的秋季沙龙家具展览会上，勒·柯布西耶与合作者一起再次展出了他们的作品及住所的设备规划。作品包括一个单独的大型居住区，其他房间都由此派生出来。房内的地板和天花板上覆盖着玻璃，连家具都是由玻璃、皮革和钢管等多种材料结合而成，这种对大面积的玻璃和金属材质的运用，营造出极为现代的视觉效果。

现代主义运动的国际声誉直到 1932 年才得以最终确立。纽约的现代艺术博物馆举办了一次展览，用一系列照片呈现了勒·柯布西耶、密斯·凡·德罗厄和沃尔特·格罗皮乌斯等的设计工作与成就，同时还展出了许多来自意大利、瑞士、俄国和美国建筑师们的工作成果。在展览的目录中，建筑史家亨利·拉塞尔·希契科克和菲利普·约翰逊贴切地将这些作品描绘成一种"国际风格"（International Style），并对这个特征做了综合归纳，即"摒弃装饰运用，注重灵活的内部空间"。这些作品均反对在墙体上使用色彩，强调"对一个房间的墙面装饰而言，满载图书的书架便是最好的装饰元素"。此外，在室内装饰植物景观的做法也受到赞许。

在 1932 年之前，一些欧洲移民已经把现代主义运动的设计思潮带入美国。只是，这种最早在美国得到提倡并鼓舞了欧洲设计师的"批量生产体系"，在美国室内设计方面的影响却极其微弱。直到欧洲现代主义运动取得成功后，这种状况才得以改变。鲁道夫·M.申德勒（1887—1953 年）和理查德·诺伊特拉（1892—1970 年）从维也纳来到美国，运用欧洲的现代风格设计了一些具有影响的私人住宅。其中，诺伊特拉设计的洛杉矶洛弗尔住宅，内部使用了巨幅玻璃，具有自由的内部空间，被认为是值得被现代艺术博物馆收藏的杰出作品。

弗兰克·劳埃德·赖特和其他的美国设计师无法接受现代主义运动的制约，拒绝使用带有现代主义运动特征的桩柱结构和矩形体块。到了 20 世纪 30 年代，为了更好地体现美国人的价值观，赖特继续坚持个人风格，他的个性体现在其著名的作品"流水别墅"的设计中而达到极致。这座建于 1936 年的建筑位于宾夕法尼亚州的熊跑泉（Bear Run，Pennsylvania，1936 年）之上，这个混凝土建筑建在山腰上，高悬于瀑布上方。而岩石构筑的墙体、胡桃木制作的家具和装置（木材原料来自北卡罗来纳州），以及巨大的窗户使室内空间与自然风光融成一体。在斯堪的纳维亚半岛也兴起了一种不那么工业化的现代主义设计。芬兰、瑞士和挪威不曾经历像英国、德国和美国那样快速的工业化进程，即便到了 20 世纪 30 年代前后，现代主义运动的理念逐渐影响到斯堪的纳维亚半岛时，那里依然传承着强大的传统手工艺。鉴于英国的艺术品和工艺品对于多数人来说显得过于昂贵而无力购买，相比较而言，斯堪的纳维亚的手工艺品就易于为大众所接受。于是，现代主义的简洁作风开始与民间设计结合起来，斯堪的纳维亚式的"现代风格"由此产生。从 20 世纪 30 年代开始，设计大师布鲁诺·马松、博里·穆根森、卡尔·克林特等设计的家具出口到美国和英国，相对于德国钢管椅的冷漠感，这种柔软的曲线和温暖的木质触感则更受大众的偏爱。

在国际上，最具瑞士现代风格的代表人物当属芬兰建筑师阿尔瓦尔·阿尔托。同在芬兰的帕伊米奥结核病疗养院和维普里图书馆均为其知名代表作。与他同时代的德国人已经使用混凝土了，而他则继续使用砖和木材。在维普里图书馆的演讲大厅内，波浪起伏的木质天花板是阿尔瓦尔·阿尔托提倡人文主义极为突出的例证。这时期的家具设计，阿尔瓦尔·阿尔托还尝试使用弯曲胶合板和层压板，营造出一种既具现代感又不失温情的人性化效果，室内设计更加协调。

1915 年，依照德意志制造同盟的模式，英国建立了英国设计与工业联合组织（DIA，以下简称"联合组织"）。在最初创建时，其成员有伦敦希尔斯公司的家具零售商安布罗斯·希尔，德里亚德家具制造商以及希尔的远亲塞西尔·布鲁尔。他们努力尝试提高国民的审美能力，例如 1920 年举办的家庭用品展览便是"联合组织"的宣传活动之一。展览展出了包括家具、纺织品、陶瓷制品和玻璃器皿等八个类型的家用制品。从这次展览以及"联合组织"随后出版的作品中可以明显地看到，与德国相比，该组织对"优秀设计"的评价标准具有更为宽广的视角。"联合组织"的年刊效仿德国版式样，既向读者展现乔治亚复兴式风格的作品，也介绍蕴含在工业产品设计中的功能主义美学理论。英国设计与工业联合组织堪称是国际现代主义的英式版本，它削弱了斯堪的纳维亚式的现代主义和"艺术与手工艺"的传统理念。这种兼容并蓄的设计风格可以从家具生产商兼设计师戈登·拉塞尔的作品中感受到。拉塞尔使这三者互为影响的关系得到调和，并以此为20世纪50年代的英国室内设计打下了基础。

沃尔特·格罗皮乌斯、马塞尔·布罗伊尔和建筑师埃里克·门德尔松在远赴美国躲避德国纳粹党之前都加入了设立在伦敦汉普斯特德辖区的帕克希尔的一个激进社团。在英国，像他们这样的设计师很难承接项目。格罗皮乌斯在前往哈佛大学任职之前设计了英国伊平顿乡村学院，英格兰的第四所乡村学院位于剑桥。马塞尔·布罗伊尔于1935年至1937年间在英国逗留，期间为伊斯康公司设计了胶合板工艺的曲木家具。埃里克·门德尔松与俄国设计师塞尔杰·切尔马耶夫合作设计了位于萨塞克斯郡的德拉沃尔大厦。设计师雷蒙德·麦格拉思被任命为BBC新总部广播大楼的装饰设计顾问之后，英国的现代室内设计得到了积极的推进。麦格拉思本人是个折中主义者，因此他聘请塞尔杰·切尔马耶夫和现代派建筑师韦尔斯·科茨共同加入。科茨设计的播音室相当简洁实用，采用了钢管等现代材料。同样的特征也反映在伦敦地铁站的设计中，该车站由英国设计与工业联合组织的成员兼伦敦客运业集团负责人弗兰克·匹克委托，由建筑师查尔斯·霍尔登设计。英国随后的三十多条地铁站隧道都是依照现代主义运动的原则进行设计，这些通道不但更加通亮、易于使用，而且清晰地展现了公司的形象。

第三节　写实的波普艺术风格

一、波普艺术风格产生的背景

20世纪60年代，随着青少年数量的激增，冲破社会常规道德观念束缚的情感不断滋生，市场上出现了大批针对年轻人的设计。这一点在波普主义（Pop）设计运动中体现出来。该设计运动兴起于英国，是整个波普主义运动的一部分。1963年，一支四人组流行乐队"甲壳虫乐队"（Beatles）在英国轰动一时，在随后的一年内他们到美国巡回演出，确立了英国青年文化在世界的领先地位。

在室内设计领域，新的购物环境的打造迎合了青年人市场，如出现了精品店，专门经营受年轻人喜爱的时髦又便宜的衣服。1955年，服装设计师玛丽·匡特在伦敦切尔区国王路开设了第一家女性时装用品商店——"集市"。1957年，搬迁至位于骑士桥的新店址，由特伦斯·康兰设计，颇具特色。楼梯位于房子中间，下方挂着衣服；室内的上半部分大量采用织物装饰。到 20 世纪 60 年代中期，这类小型商店几乎遍及英国所有城市。1964 年，芭芭拉·乎兰妮姬在伦敦肯辛顿大街开设了第一家比巴商店，店内灯光昏暗，整日大声地播放着流行乐。随后开设的一些比巴商店，其墙壁和地面均以暗淡的格调装饰，衣物悬挂在用弯木制成的维多利亚式立式衣帽架上，还有 19 世纪插着鸵鸟羽毛的瓶子，这些细节设计进一步渲染了颓废的氛围。

年轻人渴望摆脱上一代的束缚，他们相互交流娱乐信息，表现反复无常的情绪，这些构成波普主义多样化的灵感源泉。过去的装饰风格得到复兴，特别是 1966 年，在维多利亚和阿尔伯特博物馆举行奥布里·比亚兹利作品展之后，新艺术风格再度流行起来；另外，一些书刊的出版促进了装饰艺术的兴起，如贝维斯·希利尔于 1968 年撰写的《二三十年代的装饰艺术》等；还有一些电影作品也对装饰艺术等过往风格的复兴起到了促进作用，如《邦尼和克莱德》等。显然，对于过去风格的复兴，其目的并不在于重复过去的风格，装饰艺术鉴赏家们严厉抨击的维多利亚式家具，现在则被漆上明亮的光泽。新型招贴艺术的产生在很大程度上也归因于奥布里·比亚兹利和阿方斯·穆哈作品的启发。20 世纪 70 年代早期，在装饰艺术运动的发起者德瑞和汤姆也开办了比巴商店，经由电影场景设计师之手，其风格式样复古而富有魅力。

如今，纯艺术与通俗文化通过安迪·沃霍尔、英国的戴维·霍克尼、阿伦·琼斯等艺术家用各自的作品揭开了波普艺术运动的序幕。这些优秀艺术家以通俗文化为创作源泉，例如罗伊·利希滕施泰因在他的绘画中，以点为图案构成，模拟了连环画册式的廉价印刷效果。

二、波普艺术风格的实际运用

波普艺术中的图像随后被运用到招贴画、廉价陶器及壁饰上。各类艺术形式彼此互通，例如安迪·沃霍尔设计了印有牛形图案的墙纸，并用于其位于纽约的个人工作室——沃霍尔工厂，工厂内还用了充满氦气的银色塑料云朵作为装饰。1964 年，在纽约悉尼·贾尼斯画廊中举办的以"新现实主义者创造的四种环境"为主题的展览中，波普风格雕塑家克莱斯·奥尔登堡展出了一间卧室的设计：床上铺着白色缎面被单，一件人造豹皮大衣随意扔在仿斑马皮的长沙发上。这件作品可谓是对"消费文化"的一次认可。克莱斯·奥尔登堡设计的软体雕塑，如汉堡状的巨大雕塑经过设计转变成家具形式。直到 1988 年，商业街上依然可以见到这类家具店向年轻人市场供应这些雕塑的廉价复制品。维特莫尔·托马斯新开的比巴商店的地下室就有个装烤菜豆和汤的巨大罐头仿制品，上面放着真实的听装食物。

欧普艺术运动也对室内装饰艺术产生过一定的影响。这场运动是由维克托·瓦萨雷里首先在法国发起的，后由布里奇特·路易斯·赖利在英国进行了拓展。赖利绘制的黑白图像，经过欧普艺术的设计，产生了使观众迷惑的效果。这种图像为电视节目《顶级波普》的背景设计和小型时装店的装饰带来了创作灵感，并掀起了招贴画行业的兴盛局面。

伦敦建筑学协会的学生厌倦了现代主义运动沉重、永恒不变的设计法则。1961 年，由彼得·库克率领的阿基格拉姆设计团队，首次公开反对现代主义，拥护一种更加有机、随意的建筑风格。该组织随后宣称，对适用于个体居住者的一次性建筑具有浓厚兴趣。1966 年，由建筑设计师安德烈·布兰奇率领的阿基佐姆设计团体诞生于意大利佛罗伦萨，该团体在 1967 年也同样涉足了波普艺术，并结合装饰艺术图案、流行明星肖像和人造豹皮设计了各种形式的床，显示了他们对通俗文化的热衷以及对传统上流建筑文化的抵制。

"用毕即弃"一次性家具的生产，进一步强调了波普设计对于"传统"和"耐用"这两大概念的挑战。由于波普风格自身具有"玩世不恭"的含义，这种风格的家具也可以坚固的纸板为原材料，购买者自行将纸板组装成家具的形式，使用一个月左右的时间之后，当其他样式的新家具出现时，便可将之丢弃。彼得·默多克设计了一张纸椅，椅子呈简洁的水桶形并带有醒目的圆点花纹图案。1964 年，这种纸椅被批量生产，主要供应于年轻人市场，其使用寿命达到了预期的 3 至 6 个月。

波普主义的一大弊端就是对环境问题的忽略。从 20 世纪 60 年代的早期到中期，消费者和设计师对科技成就持完全乐观的态度。注重研发潜在的新材料和新技术等方面，体现了波普风格的室内装饰对技术的推崇。如位于国王路上的切尔西药店，由加尼特、克劳利、布莱克莫尔协会等个人及团队合作完成。室内空间采用磨光铝材料，营造出一种宇宙飞船般的氛围，借助计算机屏幕显示的紫色平面图，显示建筑物体内的不同区域，更加增强了"宇宙飞船"式的氛围感。

在法国，室内装饰设计师奥利弗·穆尔格在科幻电影《2001：太空奥德赛》中，创造出未来主义场景。他根据造型夸张的变形虫设计了低矮的、呈曲线状的座椅，其中就包括造型轻柔的曲形躺椅"Djinn"（图 3-3-1）。

图 3-3-1　Djinn

　　20 世纪 60 年代晚期的意大利，明显存在着反现代主义主流的风潮，年轻的意大利设计师设计的室内空间和家具，都有意挑战"优雅品位"（Good Taste）的标准。1970 年加蒂、保利尼和泰奥多罗等人为扎诺塔公司设计的懒人沙发（Sacco seat），仅仅是个填充了聚氨酯颗粒的大袋子，没有固定形状但具有很强的适应性。扎诺塔公司也曾生产过早期的充气家具。1967 年，吉屋拉坦·德·帕斯、多纳托、保罗·洛马齐共同设计了吹气椅（Blow chair）。它是第一件批量生产的膨胀式椅子，采用清澈透明的聚氯乙烯（PVC）材料制成，可以在游泳池里使用。吹气椅的趣味性及其蕴含的对现存社会体制的对抗含义，吸引了法国和英国的年轻消费群。同样，该三人组还设计了"乔沙发（Joe Sofa）"，也由扎诺塔公司在 1971 年生产。这个沙发模仿手套的形状，在用聚氨酯泡沫塑料制成的手形外部覆盖了软质皮革。这项饶有趣味的家具设计，其灵感来自美国的波普艺术雕塑家克莱斯·奥尔登堡的软雕塑作品。英国最重要的波普风格室内装饰设计师马克思·克伦德宁，设计了可拆卸家具，通过使用单一色彩创造出统一的整体环境。1968 年，他的一项起居室设计被刊登在《每日电讯报》上，这项设计的灵感来源于太空旅行，空间内摆放着光滑、结实的桌、椅、脚凳，还包含一些相应的储存空间，并由此形成了一个整体组合。

　　1969 年，人类的首次登月探险极大地增强了新科技的魅力，几乎所有的室内设计都围绕着太空主题进行创作，包括用计算机印制出各种金属色的字体，以及在塑料贴面上涂抹明亮色彩的涂料等。维克多·卢肯斯位于纽约的起居室设计（1970），就融合了上述这些特征。此外，该起居室中还设有一个封闭式独立的座位，

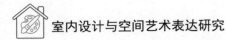

人坐在里面能够环视房间情况而又不被人发现。

新生的毒品文化（drug culture）下诞生出另一类型的室内设计氛围，即有意营造一种令人感到魅惑的空间。毒品，尤其是以 LSD 为代表，能够改变人们的知觉，它与波普文化相联系从而引发了视幻运动（Psychedelic Movement）。寻常房间的尺度感在灯光的映射下消失殆尽，抑或是有意模仿一些超大尺寸的图形比例而湮没了房间原本的正常视觉感受。

在美国，芭芭拉·施陶法赫尔·所罗门大胆地把巨型图像运用到室内装饰中并使之成为时尚。以位于加利福尼亚索诺马的海洋农场游泳俱乐部为例，室内空间采用了放大的字母，大胆使用原色条纹及几何图形等，随意地将各种元素混合在一起，在视觉上与建筑空间产生冲撞，从而制造出一种令人迷惑的空间效果。在英国，同样能见到类似的手法，如巨型变形虫被涂上明亮的甚至是荧光色彩，随意地分布在天花板、墙壁、门和地板上，正如皇家艺术大学在 1968 年由学生自行设计的学生活动室所呈现出的风格。除此之外，马丁·迪安设计的避难舱，舱体呈鸡蛋形，为了激发人们对超自然体验的欲望而有意将使用者完全包围于其中。这个令人感到丧失感觉与判断力的大容器设计从本质上体现出这类滋生于毒品文化下的设计氛围——即有意营造令人迷惑的室内效果。此外，由亚历克斯·麦金太尔设计的旅行包厢，也是这类代表作之一。他利用反向投射和音乐效果，创造出令人产生幻觉的室内环境。这件作品由伦敦的梅尔普斯家具店于 1970 年的"生活实验"博览会上展出。

波普设计为电影场景的表现注入了新的灵感源泉。特别是影片《上空英雄》（Barbarella，1968 年）和《救命》（Help，1965 年）的场景布置，都引用了地毯式的坐垫设计。这种方式在居家布置中很容易效仿，《时尚》（Vogue）和《住宅与花园》（House and Garden）这些杂志均登载过类似的布置。

三、波普艺术与超现实主义风格的关系

波普艺术与超现实主义之间有着十分密切的关联。设计师在灯光怪异、色彩明亮的室内设计中有意选用"劣等品位"的设计，超乎寻常地将完全不相称的物体并置在一起，这取自达达主义（Dadaism）和超现实主义的风格。先前超现实主义的支持者们，例如评论家马里奥·阿马亚和乔治·梅利等，现如今都被深深地卷入波普的浪潮中。这也印证了美术对于可以取代建筑的更好选择的室内设计所具有的恒久重要性，这一点曾受到阿基格拉姆运动的质疑。当房间成为一种环境、

一个事件，抑或是一幅绘画作品时，也就不存在所谓的建筑要素了。在波普风格的室内设计中，壁画是其重要特征之一，乔治和彼特·哈里森曾邀请由设计师与艺术家组成的荷兰设计团队——愚人（Fool），在一处名叫"伊舍小屋"的小建筑内的壁炉上方绘制一幅能使人产生幻象的圆形壁画。

到 20 世纪 60 年代中期，随着环境问题日益受到关注，这一对比强烈、五光十色的色彩随着 60 年代的结束而逐渐趋于低调。当一套人为的另类规则形成时，一种基于精神与政治双重意义的崭新的意识形态开始成为青年文化的特征。在经历了 1968 年的变革与学生抗议运动及"托雷峡谷号"（Torrey Canyon）油轮海难等一系列事件之后，年轻人不再一味地崇尚科技，而是选择像"嬉皮士"那样的方式来抵制西方的传统价值观念。

在室内设计方面，很重要的一点即是通过住宅布置表现个人的价值观念。一些人放弃固定居所而追求一种完全自由的游牧式生活，更加喜欢大篷车或者帐篷式建筑。在固定的住宅里，则引进了来自第三世界国家的工艺品，特别是来自印度的天然材料、炉火、蜡烛和带有图案的纺织品及墙纸等。斯图尔特·布兰德 1968 年编撰《全球目录》（Whole Earth Catalog）一书提供了一系列生态型物品。房间逐渐成为个人意识的政治表现，而在过去，房间不过是纯粹地表现主人的趣味罢了。《地下空间：为另类生活方式而装饰》（Underground Interiors：Decorating for Alternate Life Styles，1972 年）一书表明了这种设计趋势。在书中，作者将这种反传统的室内空间描绘成"对陈旧的装饰概念与老套的生活方式的探索——探索与艺术、政治和新闻方面最新发展密切相关的新居住环境，而艺术界、政治界和新闻界都采用'地下'这一名称，将自己与以往已建立起来的传统模式区别开来"。无论是激进时尚（radical chic）、太空时代还是超现实主义，这些元素或概念都是反传统风格的室内装饰。

第四节 多元的后现代主义风格

一、后现代主义风格与室内设计的融合

20 世纪 70 年代初，现代主义运动的成就在很大程度上遭到质疑。如同建筑领域一样，室内设计领域也出现了一种新的多元化态势，这表明所谓的"优良设计"不再按照一种公认的标准进行评价衡量。室内设计在零售业革命中所产生的主导

性影响，以及人们对于家居装饰不断增长的浓厚兴趣，都驱使它走在了公众设计意识的前沿。在英国和美国，一部分社会群体日趋繁荣，尤其是年轻的职业中产阶级，引领了回归传统主义和复古风格的潮流。由此，原本倡导大胆进行设计实验的60年代风潮消退了，取而代之的是一个回归复古和开支紧缩的时期。

　　并非所有20世纪70年代的室内设计都与现代主义相悖，如"高技风格"运动赞颂的便是工业生产美学。早在1925年举办的巴黎世博会上，勒·柯布西耶就曾把钢铁支架、办公家具和厂房建筑地面材料引入到家庭装修中。建筑师成为这种风格形成的关键因素。1977年，理查德·罗杰斯与伦佐·皮亚诺合作，设计了最早的高技风格建筑之一，巴黎蓬皮杜艺术中心。在这件作品中，所有建筑的结构装置均被醒目地暴露在建筑体外表，内部没有过多别出心裁的变化，室内空间仅由具有移动式隔断的工作间组成。与蓬皮杜艺术中心一样，罗杰斯的另一件作品，伦敦的劳埃德大厦在设计上同样具有灵活性，以便将来进行扩建。空间的内部核心围绕着一个十二层楼高、带筒状拱顶的中庭，这样的中庭设计在后来被许多办公建筑广泛地效仿。罗杰斯将"卢廷大钟"作为底层空间的视线焦点，成功地实现了新旧元素的结合。

　　1975年，建筑师迈克尔·霍普金斯为自己设计的位于伦敦汉普斯特德的住宅，其内部空间均由钢结构组成，仅仅借助百叶帘划分与界定各个区域。由琼·克洛和苏珊娜·施莱辛共同编著的《工业风格家居资料集》，细致地描述了现代家庭如何运用商业化生产线的产品布置家庭空间，该书登载的许多室内图片均来自设计师约瑟夫·保罗·迪尔索位于纽约的公寓。迪尔索在室内采用了医院式设计风格，如安放了通常是外科医生使用的不锈钢洗涤槽，用金属围栏分隔室内空间，甚至连门的样式也与医院使用的如出一辙。

　　尽管勒·柯布西耶在他设计的1925年巴黎世博会的新精神馆中采用了类似的手法，但是高技风格的出发点却完全不同：勒·柯布西耶意在挑战个人主义和少数上流社会精英阶层的所谓"装饰艺术"，在他看来，制作精良兼具实用价值却不入时尚的批量生产的工业产品也应被室内设计采用；而高技风格的目的却是从晦涩甚至是难以理解的元素中汲取灵感，创造出令人惊叹的雅致空间。这种手法并不包含社会改革的元素，但也体现了人们对工作与家庭环境态度的转变。

　　自19世纪以来，这两个领域就已经存有差异并分化了：以女性活动为主导的住宅领域，曾被看作舒适和高尚的精神殿堂，更是远离工作场所的庇护所。但是，随着高技风格运动的发展，厨房里装上了取自工厂的构架，办公室用于文件归档的橱柜及金属质地的楼梯和地板也相继进入家居空间，住宅环境变得越来越像工作场所。早在维多利亚时代，中产阶级就曾效仿上流社会，通过室内设计骄傲地彰显他们安逸闲适的生活方式，工作是被拒之门外的。历经了一段失业时期后，这种情况得到改变，工作用具成为身份地位的标志。此外，由于现代女性对事业的追求，因此，高技风格有意营建一种在功能上体现高效率的居家环境，这也是部分地出于对工作地点离家较远的女性的考虑。

二、室内设计风格逐渐简化

20世纪70年代，栖居商店发布了高技风格的全深色极简式家具，令这一趋势获得了巨大的销售市场。到了80年代，这种风格变得更加精简，并结合了当时的工业制品的可回收技术，成为极简抽象艺术家的高档室内装饰的时尚。罗恩·阿拉德收集废弃汽车的座椅，将它们改造成家用座椅，并在自己位于伦敦的"一次性"商店内出售。他还在室内设计中运用工业材料，如位于伦敦南莫尔顿大街的商店——芭莎，店内采用混凝土浇筑材料，标志着新野兽派的回归，即刻意在室内运用粗糙、起伏肌理的材料。具有裂缝的巨大混凝土厚板悬挂在生锈的缆索上，每根挂衣服的横杆都架构在由混凝土浇筑成形的轮廓体上，蓄意营造出一种破败感与颓废感，这样的室内装饰被称为"后衰败主义"风格。

与高技风格一样，后现代主义也是建立在建筑实践基础之上的。美国建筑师罗伯特·文图里的首部著作《建筑的复杂性与矛盾性》，可谓是早期针对这一论题的论著。书中表达了对现代运动的不满情绪，认为建筑师应从历史上的著名风格和具有直接视觉冲击性的大众文化中，受到些许的启示和教育。这种观点在《向拉斯维加斯学习》一书中有更为详尽的论述，文图里对"建筑师之椅"进行了十分形象的描绘。从侧面角度，这些椅子的轮廓几乎一样，正面却不拘一格。有的椅子色泽明亮，呈现以日出为主题的装饰艺术风格；也有搭配了垂吊装饰的谢拉顿椅；此外还有其他不同式样的椅子，都装饰有各种经典细节。建筑设计师迈克尔·格雷夫斯设计的位于美国俄勒冈州波特兰市的公共服务大楼，以及为意大利孟菲斯集团设计的家具，也对美国后现代主义的兴起起到了推波助澜的作用。

建筑理论家查里斯·詹克斯的著述《后现代建筑语言》，将后现代主义引领到一个更加宽泛的文化背景之中。他借助语言结构分析，进行解析与创作。他在英国和美国设计了一些住宅，如他为自己设计的位于伦敦荷兰公园的"主题之家"。在室内布置上，他将会客室与卧室集中设置在一个封闭的螺旋形楼梯的四周；室内的家具设计，詹克斯有意识地处理了以往的建筑风格的象征意义，亚兰设计公司把它们作为"具有象征性意义的家具"进行出售。在不同的房间，他利用过去的各种不同风格，如埃及式、哥特式风格等，体现不同的时期。在阅览室，家具均依照19世纪流行于德国的比德迈式样进行设计，而书橱的顶部细节却采用了不同风格的建筑元素。

三、室内设计风格理论受到挑战

意大利设计在后现代风格的室内设计的产生过程中扮演了十分重要的角色。20世纪60年代末，一小部分先锋派设计师逐渐对华而不实的意大利设计产生沮丧与不满之情。1972年，纽约现代艺术博物馆举办了一场颇具影响力的展览——"意大利：崭新的家居风采"。展会展出了一件由激进派主流设计师埃托雷·索特萨斯、马里奥·贝利尼和乔·科伦波共同设计的作品——"袖珍空间"。有关住宅环境与现代主义的理念，在当时已被大众所认知，而这件作品却向这一理念发出了挑战。马里奥·贝利尼设计的阿苏特拉汽车，由一个顶部和侧面透明的亮绿色车厢构成。索特萨斯和科伦波受航天旅行的启发，设计了具备不同功能的应用模块，居住者只要将模块进行重组便可更加灵活地使用。1979年，亚历山大·门迪尼继任吉奥·庞蒂的《多姆斯》主编职位后，在米兰成立了阿卡米亚工作室，索特萨斯也加入进来，不过他在1981年便组建了自己的团队——孟菲斯设计团队。

同年，孟菲斯团队在米兰家具交易会上首次举办了公开展览。从此以后，这个组织开始对室内设计产生巨大的影响。他们依照后现代美学观进行设计创作，嘲讽所谓的"优雅品位"——这在意大利是与现代主义密切相关的代名词。在他们设计的家具表面，常覆盖着一层带有明亮图案的塑料装饰板；在设计中，他们从大众文化中汲取灵感，意在使设计成为大众消费的一部分。索特萨斯的家具设计诙谐、大胆、充满趣味，他为1981年的米兰交易会设计的卡尔顿房间隔断，表面覆盖了模拟大理石效果的色彩明亮的塑料层压板，并呈现出非传统的形状，以此挑战大众公认的储物家具概念。孟菲斯团队在设计中常用超乎常规、不成比例的做法，采用与家具风格格格不入的形式，如梅田设计的以拳击围栏为基础元素的座椅装置，这套作品的其中一件被时装设计师卡尔·拉格菲尔德购得。1985年，卡尔·拉格菲尔德在装修其位于蒙特卡洛的住所时，听从了法国装饰家安德莉·普特曼的建议，从两批最早的孟菲斯产品中购得这件家具并用于公寓装饰。在装修过程中，公寓的墙面全部被粉刷成暗灰色，其目的正是为了凸显家具在视觉与空间构成上的主导作用。

孟菲斯设计的魅力在于它能在瞬间吸引人们的注意力。尽管最初它是一种家具设计风格，却同时对美国、日本及整个欧洲的室内设计产生了广泛的影响。该组织的英国成员乔治·索登所设计的外观图案被广泛效仿。例如，在20世纪80年代期间，主流商店和快餐店的内部装饰就采用了他的图案设计。基于50年代大众文化背景下的图像设计，意大利的后现代主义设计显然蕴含着某种挑战意味。

法国的室内设计，从20世纪60年代开始就流行着文艺复兴的风格。安德莉·普特曼除了为时尚大师卡尔·拉格菲尔德设计项目之外，还设计了巴黎文化部部长的办公室。在这个经典的法式设计中，细木护壁板、枝形吊灯、窗户处理等都经过精心设计，与外形呈鼓状的后现代风格的椅子、半圆桌以及高技风格的灯具相对比，产生了戏剧化的效果。80年代，法国的室内设计之所以得到蓬勃发展并取得成功，离不开法国官方对后现代设计的支持。1983年，共和国总统弗朗索瓦·密特朗任命几位主要的年轻设计师设计位于爱丽舍宫的私人公寓，设计师包括让米歇尔·维尔莫特、菲利普·斯塔克及罗纳德·塞西尔·斯波提斯等人。在这座传统宫殿中，设计师运用了后现代的装饰手法，受20世纪初的维也纳风格、装饰艺术和高技风格的启发，创造出一种兼具古典与现代风格，令人倍觉振奋的空间氛围。法国的室内设计师在日本也获得了成功。玛丽·克里斯蒂娜·多尔内（生于1960年）自1984年起与维尔莫特一同工作。1985年，她为日本Idee（观念）家具公司设计了十六件后现代风格的系列家具，此外还设计了位于日本小松市（Komatsu，日本本州岛中西部城市）的两家时装店以及一家位于东京的咖啡馆。

四、新的艺术理论风格不断涌现

作为反抗主流现代主义的表现之一，一些室内设计师不论其自身是否受过建筑方面的专业训练，都倾向于选择纯艺术与文学作为他们设计的灵感源泉。1988年，现代艺术博物馆举办了展览——"解构主义建筑"，同年在伦敦泰特美术馆（Tate Gallery）举行的解构主义研讨会，引发了解构主义运动。这次运动以法国作家雅克·德里达的文学理论为基础。这一理论在室内设计上的应用便是将组成室内空间的各个元素——拆解。美国塞特工程有限公司的设计就体现了这一理论，他们在1983年设计的一扇门，便是通过将层压材料层层剥离，挖出一个通透的洞。20世纪70年代，他们为最佳产品公司创作的建筑，在设计上运用了成堆的砖石，并在墙面上制造了一道道沟壑，使建筑外表以一种分裂状态呈现。此外，其他的解构主义建筑师及代表作品包括美国建筑师弗兰克·盖里设计的明尼苏达州温顿宾馆、德国贝尼施及合伙人事务所设计的海索拉学院大楼，这座小型建筑位于斯图加特大学校园边沿处，拥有充满活力、令人震惊的室内空间。又如，施罗德住宅的室内设计，空间环绕着中心轴向四周呈爆炸型发散状，楼梯连接着两层楼面，窗框、屋顶、支撑钢架等部件彼此间无序地混合，形成相互贯穿的斜坡。建筑师有意构筑了由不同结构与技术元素松散组成、看似瓦解的室内环境。

由于在世界贸易中确立了领导地位，日本在传统的设计表达上也呈现出更多的自信。第二次世界大战后的日本，民族风格的建筑曾一度被看作带有反动和右倾色彩，而新建筑又被美国主流的现代主义风格所左右。而今，日本已重新认识到自己所拥有的珍贵的建筑遗产，以桢文彦、黑川纪章、相田武文等为代表的建筑师在室内空间的设计上大都采用空灵、非对称的日本传统建筑设计手法。而其他一些日本建筑师则受到20世纪80年代末如科茨等折中主义浪漫派人物的影响，设计风格呈现出千姿百态的趋向。

这种多样化风格贯穿于随后的整个20世纪90年代。这一时期的设计，注重过程而非形式，绿色设计便是这一趋向的典型，设计师们之所以遵循环境保护法则并将其纳入设计思考的范围，是出于法律义务及道德感。与此相矛盾的是，随着技术的快速发展，商业室内空间与家居内部环境对新材料和通信系统的需求变得更加旺盛。90年代，电子通信技术的使用对办公空间设计产生了巨大影响，这种影响以公用办公桌（Hot Desk）的发展为标志，即除了一些需要预置的空间之外，任何员工所使用的办公桌及其所在的空间设置都不是永久性或一成不变的。例如，位于英国赫默尔亨普斯特德的英国电信公司韦斯特赛德大厦，这座大楼由来自Aukett（奥克特）设计事务所的建筑师与来自PLC室内设计事务所的设计师们共同合作完成。韦斯特赛德大厦是一处集结了销售、市场营销及售后服务中心等约1250名员工的大型工作场所。在设计过程中，设计师有意预留了开放式工作区域，使员工们的工作形式更具有灵活性，而落地式的工作桌也可供他们随意使用。此外，设计还兼顾了用于会议、洽谈和影像播放的多功能空间。工作场所也不再局限于办公室，也可以是在家里或在途中，与客户在一起或者在宾馆内办公。新技术的发展与应用使英国电信公司的员工们可以借助手提电脑和移动电话通过网络进行交流。值得一提的是，在以韦斯特赛德大厦为代表的办公空间项目中，设计师们对于咖啡区和门厅区域倾注了更多的热情与关注，这种做法也促进了员工之间的信息交流和互动。

20世纪初期的办公空间不但显得僵硬、刻板，而且在结构上也表现出严肃和官僚意味，不过这种风格现如今已然被一种更具灵活性的布局所取代，也更有助于非正式的团队工作。同时，考虑到新技术，会议室的内部设计也需作出一些改变，但无论其实际表现出怎样的风格，都必须考虑如何最合适地设计安装用于显示电子信息的离子屏幕，使其在不使用时能够巧妙地隐藏起来。设计师不但将新型技术应用到办公领域，还将其推广到新兴的娱乐性空间，位于西班牙塔拉哥纳附近的巴夏休闲中心便是其中的代表作品。这个大型夜总会由胡利·卡佩利亚、奎因姆·拉雷亚和豪梅·卡斯特利维等设计，占地面积达 5677 平方米。其室内设计将主舞池"悬浮"于游泳池之上，不但在视觉上通透明亮，而且在灯光照射下显得光彩夺目，加上激光设备、电视墙和闪烁的光纤灯，令这座 20 世纪的舞池充满令人兴奋的氛围。

新技术的运用也对家居设计产生了影响。20 世纪 50 年代末期，电视机取代了开放式壁炉，成为主起居空间的核心。不过，现今的电视屏幕呈扁平状，可以安置在任意墙面上，房间布置显得更加随意自如。此外，技术发展不断地走向统一化，加上网络和家庭电脑的普及，令未来通过隐藏的中央控制器控制每个房间的屏幕设备真正成为可能，这些屏幕可分别用于看电影、玩游戏、播放电视节目和听音乐等。20 世纪末，多样化的设计风格仍然是主要的发展趋势，设计师们竭尽所能通过各种风格式样凸显个人特征。近期的精品旅馆设计增强了或者说发掘了个性化特征。这些室内设计最初起源于纽约，被赋予了新的主题以体现设计师独特的品位。由于新技术的影响，家居环境和商业空间在功能上和使用上都发生了巨大的变化，并且这种变化在未来还将继续。

第四章　空间内的色彩运用

本章主要从室内设计中的色彩问题进行分析。第一节内容色彩与情绪表达；第二节为色彩的象征意义；第三节为色彩与空间感受；通过三节的内容分析色彩的运用所表达的情感与作用。

第一节　色彩与情绪表达

一、色彩的情绪

色彩在给人以美感的同时，也从多方面影响着人的心理活动。色彩心理感受可以从直接的视觉刺激产生，也可以通过间接的联想与象征获得，总之，它会在不知不觉中左右人的情绪、思想、情感及行为。

（一）红色系

1. 红色具有的情感因素

红色处于可见光波极限附近，是可见光谱中光波最长的色彩，容易引起注意，但不适合长时间注视，会引起视觉疲劳。它能使肌肉紧张、血液循环加快，是兴奋、刺激、奔放、热烈、冲动的色彩。在工业安全用色中，红色常用于警告、危险、禁止的标志色，看到红色标示时，常不必仔细看内容，就能了解警告危险之意。纯度较高的红色常被用来传达喜庆、热闹、温暖、庄严、吉祥和幸福等含义。

2. 红色与其他色彩的并置

红色与不同色彩并置性格特征截然不同。在深红的底色上，红色趋于平静，显示出热度渐衰的效果；在蓝绿的底色上，红色就像炽热燃烧的火焰；在黄绿的底色上，红色显得冒失又莽撞，如同一个激烈狂妄的闯入者；在橙色的底色上，红色似乎被困住，暗淡又缺乏生命力。红色与浅黄色最为匹配，能充分发挥它的本色特征；与绿、橙、蓝色相斥；与灰色、奶黄色为中性搭配。

3. 红色的不同状态

（1）正红色：纯度处于饱和状态，鲜艳夺目，给人积极、主动、热情向上的意象，象征着喜庆、吉祥。

（2）浅红色（粉红色）：在红色色相的基础上明度提高、纯度降低，比正红色刺激性小很多，给人温柔、稚嫩的感觉。粉红色象征健康，是女性最喜欢的色彩，具有放松和安抚情绪的效果。例如，把患有精神狂躁症的病人关在粉刷成粉红色的房间内，患者渐渐就会安静下来。

（3）深红色：在红色色相的基础上明度、纯度均有所降低，给人以庄严肃穆、深沉、宽容的感觉。如以深红为主色的庙宇建筑，我国的古代皇家宫殿都有神圣、庄严的意味。

（二）橙色系

1. 橙色具有的情感因素

橙色的波长仅次于红色，因此它也具有长波长色彩的特征：使脉搏加速，并让人有温度升高的感受。橙色是十分活泼的光辉色彩，是暖色系中最温暖的色彩，使人联想到金色的秋天、丰硕的果实，因此是一种富足、快乐而幸福的色彩。在工业安全用色中，橙色是警戒色，因为它鲜艳，明视性高，适合作野外活动用品、救生衣、救生艇的用色。橙色很容易让人想到橙子，给人酸中带甜的味觉联想，餐厅里多用橙色可以增加食欲。

2. 橙色与其他色彩的并置

橙色与淡黄色相配有一种很舒服的过渡感，蓝底色上的橙色，充满了快乐的个性，展示出响亮、迷人以及太阳般的光辉；草绿底色上的橙色，显得柔情万种，并令人为之着迷；灰底色上的橙色，具有一种与众不同的荧光效果；橙色一般不能与紫色或深蓝色相配，这将给人一种不干净、晦涩的感觉。

3. 橙色的不同状态

（1）浅橙色（象牙色）：橙色中加入较多的白色会带有一种甜腻的味道，富有温和、精致、细腻、温暖等令人舒心惬意的意味。

（2）深橙色：当橙色加入不同分量的黑色时，就会显示出沉着、安定、拘谨、腐朽、悲伤等不同的性格差异。但混入较多的黑色后，则会给人一种烧焦的感觉。

（3）橙灰色：当橙色中混入灰色时，具有优雅、含蓄、自然、质朴、亲切、柔和的色彩格调，但如果被掺入过量的灰色，则会流露出消沉、失意、没落、无力、迷茫等消极的表情。

（三）黄色系

1. 黄色具有的情感因素

黄色波长所处位置偏中，然而光感却是所有色彩中最活跃、最亮丽的，在高明度下能够保持很强的纯度，给人轻快、透明、辉煌、充满希望的色彩印象，由于此色过于明亮，又常与轻薄、冷淡联系在一起，色性非常不稳定容易发生偏差，稍添加一点别的色彩就容易失去本来面貌。灿烂的黄色，有着太阳般的光辉，象征着照亮黑暗的智慧之光，有着金色的光芒，象征着财富和权力。

2. 黄色与其他色彩的并置

在红色底色上的黄色，显得比较燥热、喧闹；紫红底色上的黄色，带有褐色色味的病态倦容；在绿色底色上，显得很有朝气、活力；在橙色底色上的黄色显得轻浮、稚嫩和缺乏诚意；黄色与蓝色相配，黄色就像太阳般温暖辉煌；黄色被白色包围时，黄色显得惨淡而无所作为；灰色陪衬下的黄色，给人以平静理智、明快干练的印象；黑色陪衬下的黄色，尽显积极、明亮、强劲的力度。

3. 黄色的不同状态

（1）柠檬黄：该色纯度高，明度亮，具有纯净、孤傲、高贵的原色品质。

（2）淡黄色（鹅黄色）：黄色加白淡化为浅色色序时，有文静、轻快、安详、香甜、幼稚等意味。据心理学家实验证实，该色还特别具有集中注意力的功效，所以教科书和一些国家报刊用纸都采用此色；许多学校的教室或图书馆的墙壁都以该色做粉饰，甚至照明用灯也多选择淡黄色的光源。

（3）土黄色：当黄色中加入少量补色紫色或黑色，则会丧失黄色特有的光明磊落的品格，表露出卑鄙、妒忌、怀疑、背叛、失信及缺少理智的阴暗心迹，也容易令人联想到腐烂或发霉的物品，所以该色在食品设计中是禁用的。

（4）黄绿色：在黄色中掺入微量绿色或蓝色，呈现出绿味黄色，给人一种万物复苏的印象，并且含有一种不妥协的意味以及带有几分幽默感。该色充满现代气息，在传统用色中很少见到，是 20 世纪末期的流行色。

（四）绿色系

1. 绿色具有的情感因素

在可见光谱中，绿色波长居中央位置，是一种中性的、处于转调范围的、明度居中的、冷暖倾向不明显的平和优雅的色彩。刺激性适中，因此对人的生理和心理的影响均显得较为平静、温和。常看绿色有消解视觉疲劳的作用，能加速荷尔蒙激素的分泌，调节抑郁、消极情绪，使人的精神振奋，心胸豁达。绿色既能传达清爽、理想、希望、生长的意象，又是一种宽容、大度，几乎能容纳所有的颜色。绿色也有自己负面的语义：阴暗、不引人注意、不成熟、嫉妒等。例如，英文中 greenhand 是指幼稚不成熟的年轻人，以 greeneyed 比喻妒忌心强的人。中国京剧脸谱中的绿色表示顽强勇敢，但有勇无谋。

2. 绿色与其他色彩的并置

绿色在不同背景色的映衬下给人的心理认知截然不同。白底色上的绿色显得很年轻，充满自信；蓝底色上的绿色看上去有些平淡无奇、缺乏激情；红底色上的绿色，给观者安谧清冷的视觉体验；紫底色上的绿色悠闲自得、气质高雅；黑底色上的绿色可诱发出令人着迷的神秘光辉，并且亮丽而富于生气；深绿色和浅绿色相配有一种和谐、安宁的感觉；绿色与浅红色相配，象征着春天的到来。但深绿色一般不与深红色及紫红色相配，会有杂乱、不洁之感。

3. 绿色的不同状态

（1）纯绿色：非常美丽、优雅，生机勃勃，象征着生命。

（2）草绿色：正绿色掺入黄色时，是最典型的早春时节绿色植物的鲜嫩颜色，富于新生、单纯、天真无邪的意味。

（3）粉绿色：绿色加白提高明度，会表露出宁静、清淡、凉爽、飘逸、轻盈、舒畅的感觉。

（4）碧绿色（中国绿）：正绿色融入蓝色呈现出蓝绿色时，会显示出神秘、诱人的色彩力量，令人联想到清秀、豁达、永恒、权力、端庄、深远、酸涩等截然不同的语义。

（5）橄榄绿：绿色加黑暗化为深绿色时，能触发出富饶、兴旺、幽深、古朴、沉默、忧愁等精神意念。

（6）灰绿色：绿色混入灰柔化为灰绿色时，就像暮色中的森林或晨雾中的田野那样富有古朴、优雅、精巧、迷蒙的印象，该色不论用于诠释传统还是现代题材的表达，都可呈现出一种超凡脱俗的艺术气质和富于涵养的学术氛围。

（五）蓝色系

1.蓝色具有的情感因素

蓝色在可见光谱中波长较短，在视觉和心理上都有一种紧缩感，蓝色是最冷的色，通常让人联想到海洋、天空、水、宇宙等。由于蓝色沉稳的特性，具有理智、准确的意象，商务人士经常选择蓝色，因为它代表着自信和稳健。蓝色还蕴涵深邃、博大、朴素、保守、信仰、权威、冷酷、空寂等象征含义。中国人对蓝色情有独钟，蓝印花布、蜡扎染、青花瓷等蓝色的运用，蕴含了深邃的文化底蕴和朴素的情怀。在欧洲，蓝色被认为是显示身份的象征，西方传统宗教题材的绘画作品中，蓝色常被用来描绘圣母所披的罩衣。

2.蓝色与其他色彩的并置

蓝色与其他色彩并置，也会显示出千变万化的个性力量。黄底色上的蓝色，带有沉着、自信、稳定的神态；红底色上的蓝色，感觉较黯淡；绿底色上的蓝色，则显得暧昧、消极；白底色上的蓝色，给人以清晰、有力的心理体会；黑底色上的蓝色，焕发出它独有的亮丽；淡紫底色上的蓝色，呈现出空虚、退缩和无所适从的表达意向；褐底色上的蓝色，蜕变成颤动、激昂的颜色。

3.蓝色的不同状态

（1）湖蓝色：表现出一种纯净、平静、理智、安详与广阔的特性。

（2）浅蓝色：蓝色调入白色，明度提高、纯度降低，原有的亮丽品质发生了变化，有清淡、缥缈、透明、雅致的意味。

（3）普蓝色：蓝色调入黑色，会传出一种悲哀、沉重、朴素、幽深、孤独、冷酷的感觉。

（4）冷灰蓝：蓝色调入灰色，变得暧昧、模糊，易给人晦涩、沮丧的色彩表情。

（六）紫色系

1.紫色具有的情感因素

波长最短的可见光是紫色波，明视度和注目性最弱，给人很强的后退感和收缩感。紫色时而尊贵，时而神秘，时而富有威胁性，时而又富有鼓舞性，有时给人以压迫感，有时产生恐怖感。含有高贵、庄重、虔诚、梦幻、冷艳、神秘、压抑、傲慢、哀悼等语义。

2. 紫色与其他色彩的并置

黄底色上的紫色，对比度强，色彩效果迷人，是激情与内敛的完美结合；翠绿底色上的紫色，协调而富于成熟感：浅蓝底色上的紫色，充满了无尽的忧郁气息，让人处于浓浓的伤感之中，从而容易产生绝望的心理：黑底色上的紫色，纯正、鲜艳，散发出光彩照人的色彩底蕴；白底色上的紫色，体现出古典与新潮兼容的色彩力量。

3. 紫色的不同状态

（1）鲜紫色：具有优雅、浪漫、高贵、神秘的特性。

（2）淡紫色（薰衣草色）：紫色中加入一定的白色，成为一种优美、柔和的色彩。是少女花季时节的代表色，它显示出优美、浪漫、梦幻、妩媚、羞涩、含蓄等婉约的罗曼蒂克情调。

（3）蓝紫色：紫色倾向蓝色时，传达出孤寂、献身、严厉、恐惧、凶残等精神意念。

（4）紫红色：紫色中掺入红色显得复杂、矛盾，紫红色处于冷暖之间游离不定的状态，加上它的明度低，在心理上常引起消极感，在西方常与色情、颓废等贬义词联系在一起。

（5）深紫色（茄子紫）：紫色混入黑色暗化为深紫色时，具有成熟、神秘、忧郁、悲哀、自私、痛苦等抽象寓意，世界上很多民族将它看作消极、不祥的颜色。

（6）灰紫色：紫色加灰色柔化为含灰紫色时，表示出雅致、含蓄、忏悔、无为、腐朽、病态、堕落等精神状态，紫色原有的高贵感随纯度的削弱而被大打折扣。

（七）黑白及灰色系

1. 黑、白、灰色具有的情感因素

白色是光谱中全部色彩的总和，对人的眼睛形成富于耀动性的强烈刺激，让人联想到白雪，具有一尘不染的品貌特质，象征纯洁、神圣、洁净、坦率、正直、无私、空虚、缥缈、无限等。

黑色包含了全部的色光，但都不让它反射出来，所以明视度和注目性均较差。黑色的意象呈现出高级、稳重、科技感，是高品质工业产品的用色。黑色会让人联想到力量、严肃、永恒、毅力、谦逊、刚正、充实、忠义、哀悼、罪恶、恐惧等语境意味。

灰色属于无彩色系中等明度的低纯度色。在生理上，灰色对眼睛的刺激适中，既不炫目也不暗淡，有柔和、安定的效果，是一种最不容易使视觉产生疲劳的色彩。灰色稳定而雅致，表现出谦恭、和平、中庸、温顺和模棱两可的性格，给人以柔和、朴素、舒适、含蓄、沉闷、单调的感觉。

2. 黑、白、灰色的并置

白色与灰色并置，展现出一种气质不凡的稳重、优雅之感；灰色与黑、白两色组合时，给人以永不过时的时髦印象。

二、色彩情绪板

情绪板是由能代表用户情绪的文本、元素、图片拼贴而成的，它是设计领域中应用范围比较广泛的一种方法。它可以帮助我们很好地定义设计的方向。我们可以把在色彩寻踪中收集的物品的图片放在一起，深入研究，并把它们固定到色彩情绪板上，看看它们如何产生联系（图4-1-1）。展示我们色环和中意的配色方案，把我们喜爱的物品也放到色彩情绪板上，并找出最适合我们的意象。色彩故事是由意象、纹理和图案共同构筑的。多花点时间收集我们钟情的意象，找出它们的关联之处。

图 4-1-1　色彩情绪板

第二节　色彩的象征意义

一、红色的象征意义

红色催人奋进，斗志昂扬，又温柔婉约，美丽动人。从百慕大群岛的粉色沙滩，到印度的"粉红之城"斋浦尔，贯穿其中的粉色便是魔法的代名词，而当粉色与红色混合之后，又象征着家庭与幸福。看到如此瞩目的色彩，人们常会联想起最为饱和的红色(消防车的红色车身、停止标志上的红色、情人节的红色主题)。不过，也有深色调红色的存在，例如苹果、变色的枫叶，以及红杉树的树干。

红色始终是令人欣慰的色彩。例如，在餐馆的厅堂里，刷好白墙，缀以红边，再铺上温暖的木质地板，使得红色更趋于中性化，而少了几分明亮醒目。

红色是一种强烈的色彩。高饱和的红色势不可当，近乎要将一切淹没，因而要考虑其明度、色调、层次与纹理。

在室内设计中，我们可以先试着在空间里摆上几种不同的红色，观察一下摆放前后它与其他色彩的互动变化。明亮而又饱和的红色会使原本中性化的空间变得棱角分明，避免沉闷单调之感；如图 4-2-1，是某公司办公室女士卫生间的设计，运用了柔和的红色，增添了温馨之感，使其更显活力。鲜艳的红色通常会令人感到精力充沛，冷色系的红色浪漫深沉，深色调的红色则强健有力。

图 4-2-1　办公室女士卫生间设计

红色的灯罩、花瓶或者抱枕，给客厅增添一抹明媚清朗、舒心愉悦的色彩。红色的碗碟或者茶壶，可以点亮整个厨房（图4-2-2）。借助于鲜艳的红色基调，可将整个房间凝为一体，让周围色彩更显清晰。通过对比，红色强化了其他色彩。但需要搭配其他色彩以获取平衡——它可以是中间色调的过渡色，也可以是暗沉色调的中性色。

图 4-2-2　红色系厨房一角

　　柔和的色调能让空间温馨又不失平静氛围，可以考虑选择粉色。使用带有橙红色的胭脂红（多一点桃红、少一点蓝粉），就不会令人感觉过于阴柔。与搭配白色，红色活泼灵动、充满张力，适用于客厅、餐厅以及活动区域（图4-2-3）。而白色可以柔化红色，使其更适于卧室等空间。可考虑选用红白疏缝或是红白相间的被套，让白色弱化红色的强度，使之如胭脂红那般柔软。

　　红之相迎可以使一道红门令人感觉精力充沛，象征着好运连连；给人积极热情、活力澎湃、振奋昂扬的感觉。促进走廊的活跃是过渡空间，选用活泼的红色进行装饰，两者融合，相得益彰。需要注意的是，如果其他房间也选用红色的话，需确保两种色彩相互协调。也就是说，其他房间里可用少量红色（或暖色）作为强调色进行装点。

图 4-2-3　红色系办公室设计

二、紫色的象征意义

紫色是一种神秘而缥缈的颜色。按照古希腊人的说法，神话中是腓尼基人的天神梅尔卡特发现了泰尔紫。紫色染料最早产自一种多刺海螺，这种海螺生长在地中海地区，名为"染料骨螺"，当时紫色染料的制作费时费力，造价高昂，为件紫色的衣服，需要使用成千上万只海螺。因此，紫色在当时成了皇宫贵族以及奢侈的专有名词。事实上，泰尔紫与银器同样珍贵，在公元1世纪，唯有古罗马的里帝尼禄才有资格戴紫色衣物；在古罗马时期将军们身着紫色和金色的长袍，而后来的大主教骑士、参议员和其他贵族也会身披紫衣，作为荣誉和地位的象征。骨螺们十分幸运，泰尔紫的配方在罗马帝国灭国后，深埋了几个世纪之久，直到1856年才内次出现在公众面前。当时一位名叫威廉·帕金的年轻化学家在一次失败的实验中，意外地在皇家化学学院发现了这种颜色的人工合成法，他将这种紫色称为"苯胺紫"，源自法语的"锦葵花"，从那以后，紫色的生产变得廉价起来并得到了广泛使用。紫色始终与富裕和崇高的荣誉联系在一起。乔治·华盛顿于1782年为纪念军事英雄而颁发的"紫心勋章"，如今依然戴在美国退伍军人的身上。

（一）紫色浓烈的情感表达

想创造出紫色基调的适宜配色，需要事无巨细，细究本末：在空间中恰当地使用明度、色调、彩度和适宜的材质、纹理进行修饰。需要注意的是，紫色不必过于饱和、过分浓艳，而应深沉内敛、大气洒脱。我们在设计中往往会发现，在一个狭小的空间里或是彰显个人风格的地方，若使用饱和的紫色色调，看起来恰到好处、栩栩传神。

紫色是浓烈的，正因如此，本书将着重分析中性色对此所产生的影响，这有助于把控整个空间氛围，构筑配色基础。随着时间的不断推移，还可以在此基础上叠加更多色彩，紫色是冷色，将它与冷色系中性色搭配，会营造更柔和婉转的意象。如果我们选择了灰色、白色或是亚麻色（用途广泛，材质多样，色彩介于暖色和冷色之间）为基础色，那么可以用柔美、淡雅的紫色营造出漫步云端的缥缈感。石头、大理石，以及浅紫色的玻璃都是理想的搭配材质。此配色方案通透明朗缥缈出尘，如入仙境。柔和的灰色调会使紫色更显雅致。

另外，我们还可以搭配暖色系的中性色，例如沧沙色、黏土色、咖啡色、灰褐色以及亚麻色调，用于平抑紫色的丰润质感（图4-2-4）。紫色和黄色是互补色，因此紫色在温和的中性色调中会突显黄色。我们也可加入更多的中性色，例如暖棕色和暗红色，丰富的色相有助于平衡紫色。第一种配色方案十分柔和，冷色调的中性色冲淡了紫色；第二种配色方案也很出彩，暖色调的色彩张弛有度，相互制衡。

图 4-2-4 紫色搭配暖色系的中性色

　　紫色看上去十分强势，但事实上它同样适用于家居配色，可为房间增添更多激情，也能营造出如纱如幻、沉静安然的氛围。为了避免紫色空间显得过于阴柔或者繁复（除非是有意为之），可将其与大地色调相搭配。明亮的紫色可搭配温暖的原木色调、赤陶色、赭色和灰褐色，以此进行平衡自然色调平衡了紫色的丰富度，并有助于保持其基调色，尽显沉稳。它们会让人想起连绵起伏的群山，以及群山映衬下的金色田野，自然安逸，舒适惬意。

　　我们还可选用偏灰的紫丁香色，并探索和拓展紫色的范围。当我们不确定选择何种色彩时，尝试色环上的相似色。具体来说，此处便是蓝色和红色。若设计师对蓝色爱得如痴如醉，可以考虑使用含有较多蓝色的紫色，或者取对应半环，使用含有较多红色的紫色。探索某种色彩的范围，将有助于拓展色彩思维。蓝紫色为单调的蓝色房间增添了深度，注入了惊喜。红紫色则延展了温暖空间的深度——即使是浅浅的胭脂红。通过对比，我们可以创造出意趣盎然的家居配色（图 4-2-5）。

图 4-2-5　用紫色创造出意趣盎然的家居配色

（二）紫色迷人的情感意象

柔美别致、淡雅脱俗的紫色，可带来美丽迷人、空灵通透的意象。紫色可与仅比自色略深的色调，或者是饱含灰色的色彩搭配。这样一来，灰色就不会显得过于强势。着迷于彩度，也经常将之应用于配色方案中——尽管并非将此作为紫色色调处理。舒心宽慰的紫色会让人放松下来，又不像蓝色那般饱含期许，因而适合卧室。柔和的紫白色图案也许是不错的选择。

用紫色进行装饰，如果我们希望将紫色慢慢引入家居空间，不要面积过大的话，可从一些小物件开始，例如淡紫色的兰花。驾轻就熟之后，我们甚至可以将浴室粉刷成紫色（图 4-2-6），在小空间里，紫色拥有迷人的风韵。从薰衣草色中我们得到启示，大面积使用紫色时，它温和别致、柔顺内敛。淡紫色的透明窗帘（或百叶窗）能给房间带来梦幻般的光影效果。我们可以想象一下茄子上的深色调紫色，并试着搭配。这种暗色调并不会让紫色显得过于强烈，却能成为丰富空间色彩的绝佳方式。同样地，午夜紫也适用于卧室、卫生间、浴室和书房。

图 4-2-6　淡紫色墙壁的浴室

编织紫色，将紫色纤维编织到织物当中，会使之感觉更加自然。它是立体的、有纹理的，并且容易与其他颜色搭配。就像小标题所说的"编织"，去找寻含有紫色纱线、混合其他色彩、带有纹理的装饰织物吧！紫色能够激发灵感，使人思维活跃，因而适用于需要动脑筋思考的地方，比如会议室、瑜伽室，或者是冥想之地（图 4-2-7）。引入紫色的方式十分简单，例如在桌子上摆放一块紫水晶，它被认为是一种治愈性的"灵石"，能够让人摒除杂念，净化心灵，因而十分有名。

图 4-2-7　富含紫色元素会议室

搭配一抹紫色就可以成为房间的点睛之笔。若我们选用大胆的色彩（例如紫色），可以将它引入更为传统的场景中去。例如，考虑一下彩色镶边的古典床上用品，搭配上色泽丰润的紫色，这种经典配色方案会让人耳目一新。若某处的中性色略显单调，可考虑使用紫色，以调节枯燥乏味之感。

三、橙色系的象征意义

（一）橙色的由来

橙色的意象丰富，广布于自然界。设想一下我们举日遥望沙漠景观，或去凝视被粉色包裹的广袤峡谷。橘色使人奋进，愉悦身心，它温暖而富有活力若阳春白雪，橙色极富摩登气息，着实令人眼界大开；再唱下里巴人，它脚踏实地，坚如磐石，淳厚朴实，想想看树上的橙色水果，点染在葱郁的绿色之中。

橙色也会让大家想到和家人们一起雕刻的南瓜——切开南瓜之后，找到所有的肉质与南瓜种子。南瓜皮越切越薄，颜色逐渐显现出来，享受着南瓜皮逐渐变薄的过程。从浅浅的淡黄色种子到坚硬又色彩浓郁的南瓜皮，橘色的世界如此深浅不一，却又触手可及。橙色便是这样一种色彩，它向我们展示了食物的多姿多彩，也是我们追寻珍馐美味的过程（图 4-2-8）。

图 4-2-8　橙色水果

橙色不得不为自己的身份而战，在 16 世纪之前，它只被简单地称作"黄红色"。然而，这种称谓随着某种水果的种植而改变——"桔"既是它的名字也是它的色彩。据说，柑橘类水果从中国开始了它的环球旅程，"橙色"一词在 1512 年首次作为色彩出现过，尽管橙色不像紫色或者红色那般承蒙君威，龙命优渥，但它却多色彩赋予了世界上最昂贵的香料。荷兰人与橙色的关系最为密切，荷兰宗教自由的伟大英雄，来自奥兰治王室的威廉一世，他最终成为荷兰国父，他与后裔常被描绘在色彩鲜艳的画作之中。与之相对，荷兰人也把橙色视作自由的象征，称自己为"奥兰治人"。荷兰人如此钟情于橙色，以至于在其占领纽约之后就不假思索地将之称为"新奥兰治人"。即使现在，布朗克斯（纽约市最北端的一区）的区旗上仍带有传统的荷兰三色。

　　直到 1797 年，法国科学家路易斯·沃克兰发现铬码矿之后，橙色才受到了艺术家的欢迎。尽管西埃及和中世纪的艺术家之前就用多种矿物质制作成了橙色，但法国印象派画家对用橙色与天蓝色形成互补色的方式尤其着迷。1872 年，莫奈创作了《日出·印象》，成为印象画派的开山之作。橙色最为豪奢而又持久的用途，其实事出偶然。在第二次世界大战期间，巴黎时装店的染料短缺，导致不少标签和包装都被涂上了橙色颜料。战后，奢侈品牌爱马仕仍将橙色盒子与马车标志保留了下来，橙色便作为品牌身份的有机组成，成为宁静、智慧与生活乐趣的象征。

（二）橘色甜蜜情感象征

　　橙赭色、柑橘色和蜜桃色尽管是中性色，但其本质却与橙色相关。

　　关于橙色的配色，我们介绍以下两种方案：

　　第一组色彩斑斓的配色方案。将橙色与泥土色般的中性色混合，再加入温润的宝石色调——亚麻色、柔和的棕色、漂洗过的粉色、点点钴蓝色，甚至紫色。如果考虑引入更为鲜艳的色彩，这种温暖稳健的配色方案便是良好的基调色，它既可以平衡性情浓烈、色彩丰富的钴蓝色，又能接纳强劲有力、光泽丰润的橙色。建议所选的中性色应有一定的张力，进而对强调色进行补充（此配色方案中，选用温润的宝石色调）。这类配色方案通常适用于餐厅或者厨房（图 4-2-9）。

图 4-2-9　色彩斑斓的配色方案

　　接下来，我们再看一组更为柔和的配色方案。在这组配色方案中，依然是将橙赭色作为中性色，但设计师使用了胭脂红和灰褐色来弱化橙赭色。这些柔和色调与橙色搭配和谐。柔和的橙色与鼠尾草绿、辛辣的黄绿色都很般配。此配色方案舒适轻柔且梦幻缥缈，带来点点惊喜，与卧室天然契合（图 4-2-10）。

图 4-2-10　舒适轻柔且梦幻缥缈的配色方案

（三）家居中的橙色使用

家居色彩中，橙的适用范围十分广泛（图 4-2-11）：从烈火烧灼、朴实无华的中性色，到鲜明愉悦、富有朝气的色调，又或是温和婉约、增添点缀的蜜桃色……当我们在脑海中勾勒日落之景时，橙色便首先浮现在眼前。再想到穿过夕阳的粉黄光带，设计师们梦想着在室内设计中重现这一风采，便将这恬静温馨的色彩运用到家居空间。设计师们将自然中的橙色应用到室内设计中，并将其降低饱和度，最终得到散发梦幻般的蜜桃色光芒。

图 4-2-11　家居中的橙色设计

　　橙色既能营造出自由奔放、俊逸洒脱的波希米亚风格，又可带来新鲜现代、明朗豁达的触感。橙色易于搭配中性色，是搭配其他色彩的桥梁。与灰褐色、灰色或是褐色相比，淡雅的橙色更显活泼，带来了勃勃生机，更增添了几分温馨与趣味。

　　用橙色装饰生活运用材料，善于利用材料，就可以将橙色化作中性色，融入家居空间。例如栽土色、橙赭色以及中间色调的木质材料，抑或橙色系的皮革沙发（图4-2-12）。天然而成的皮革，若不加以人工雕琢，往往会透出橙色的底色。它璀璨绚丽、精巧微妙。比起绘画所用的喷涂色彩，材料本身具有的色彩会令人感觉更加自然（也更加中性）。

图 4-2-12　橙色皮革沙发

　　选用铜色饰面也是引入橙色的绝佳之法。谨记，表面抛光可以改变色彩给人的感觉。铜制品会映衬出华美丰富、典雅高贵的橙色。它可以是橱柜的五金，也可以是后挡水条，还可以是用于展示的铜碗、铜罐。这种金属材质的温暖增添了整个空间的华美之感。

　　蜜桃色，它出人意料，却又率真自然。乳化后的橙色，正如裸色的指甲油一般，美丽动人，轻盈柔软，只可意会，不可言传。这种色彩可以在墙壁上肆意挥洒，一展身手（图4-2-13）。

图 4-2-13　蜜桃色墙壁展示

　　婆娑点缀，如果对橙色营造的氛围尚存疑虑，我们可先在餐桌上放一碗鲜橙，抑或在客厅里摆个南瓜，找找感觉。可以取几本带有橙色书脊的读物，堆放在桌子上（图 4-2-14）。先定点取样，开展小范围的测试，随后再到别处使用这种色彩，会让人感觉舒适许多（这个小技巧适用于所有的色彩）。

图 4-2-14　橙色餐具和具有橙色书脊的图书

　　脚踏实地，同红色一样，橙色也会带给人脚踏实地、朴实无华的感觉，可以作为地毯的强调色。想象在菱形图案的柏柏尔地毯上点缀一些橙色，打造出潇洒俊逸的波西米亚风格；又或者在传统的赫里兹波斯地毯上泼洒浓郁的橙色。橙色在地毯上小面积使用，既不会铺天盖地、过度夸张；又能带来温馨舒适、质朴淳厚之感。

四、中性色的象征含义

（一）中性色搭配意象

在这个部分，读者们会爱上色彩。我们可以想象色彩的瑰丽神奇，从而开启炫彩生活之门。我们不必在家中铺陈所有色彩，或者去接受每种色彩的不同色调，但要学会拥抱身边的色彩，如此一来，我们便可以用新颖独特、极富想象力的方式进行配色创意。无论评说斑斓彩虹的哪一种色彩时，都希望大家敞开心扉，来者不拒，为不甚讨喜、甚至有些厌恶的颜色留出一分空间。希望大家积极探索自我与色彩的关系，以此确定与自己相符的色调。我们会发现，在历史的长河中，每种色彩都蕴含着丰富的含义，凝聚着迥异的文化联想。这些信息将赋予我们灵感与力量，帮助我们书写属于自己的色彩篇章。最重要的是，用色彩洗涤心灵。让我们共同阅读以下的内容，邂逅美丽的色彩。

中性色是基础色，也是画布的基调色。中性色平淡朴素，广泛存在于自然之间，遍布于空间与环境之中，却时常被人忽视。我们将中性色的概念进行扩展，超越传统定义的"无色"，因为几乎不存在完全没有色相的色彩。事实上，正如我们所看到的，只使用不同色调的中性色也可以创造出一个完整的色环。

如果我们试图寻找中性色的灵感，可以将目光投到天然材料上来。比如沙色，更靠近海水的沙子，因为它的色彩更暗、更湿、更冷，不像那些更靠近沙丘的沙子那么轻盈明亮；冬季的海滩，海岸线上的干草会呈现出另一种鼓舞人心的中性色。光线变化万千，当它照射到干草上时，就会发出莹莹金光。留意光线与中性色的互动，是寻找最佳中性配色的关键。

在室内设计中，与中性色相生更多中性色，会增加更多家居趣味。中性色是家居色彩的基础，每种配色方案都必须包含沉静淡然的颜色，不过，沉默不语并不意味着无趣可谈。在家居装饰过程中：可尝试各种各样的中性色。不要选择单一暖色或单一冷色（例如灰色或棕褐色）。若我们选用柔和素雅的配色方案，可增加中性色的面积，并配以纹理装点。若我们选用简约的配色方案，所用色彩相对单调，可考虑搭配亚光或亮光的材料、带纹理的亚麻布、天鹅绒，以及使用印花图案和刺绣工艺等。精巧的细节展示和适合的材料选取，对小空间而言尤为重要（图 4-2-15）。

图 4-2-15　色彩明确的室内设计方案

我们在应用中性色进行设计时，要诀在于打破中性色在我们脑海中的固有印象。想象色彩的亮度明度、色彩的明暗程度（色调）及色彩的纯度（彩度）。自然界中的色彩丰富多样，诸如天蓝色、草绿色、山脉的淡紫色、冬季干草的金色。在家中，运用相同的色彩进行模仿，也可达到中性化的色彩意象。总之，柔和的色彩或是亮色的暗沉色调，都可以作为中性色，甚至更加明亮、饱和的色彩也能使人感觉到中性风格，这取决于我们如何使用它（图 4-2-16）。

有一些中性色可用来填补灰色和褐色之间的空白，它们是带有些许褐色的暖色，抑或带有些许灰色的冷色（图 4-2-17）。

图 4-2-16　中性色设计的休闲会面室

图 4-2-17　中性色用来填补灰色和褐色之间的空白设计示例

（二）中性色带来的色彩冲击力

可尝试不同纹理的搭配效果，例如粗糙的纹理搭配光滑的纹理，抑或质朴的纹理搭配典雅的抛光纹理。当我们在家居空间中使用柔和的色彩时，可以尝试使用不同的纹理、饰面和材质进行装饰营造出耳目一新的氛围。

使用色值。通过对比，我们可以创造出空间的亮点。如果我们秉持传统的中性色配色方法，可以探索其明亮色系与暗淡色系之间的关系。暗淡的深灰色、明亮的乳白色、色彩卡润的苔藓色以及亚麻白，都可以完美结合，搭配出理想的效果。

注意中性色的变化，其延展色可与其他色彩搭配使用。例如，若将绿色沙发放在暖色和红色房间里，沙发的绿色就会尤为突出，与整个房间格格不入。换成带有中性色底色的沙发，不论是明调的米色沙发还是暗调的沙发，都会非常适宜（图 4-2-18）。

图 4-2-18　暖色设计房间内搭配中性色沙发

（三）中性色适合的材质与颜料

鲜明醒目的色彩落在地板之上便被隐藏了许多，地毯的美诠释了中性色万千色彩在身，依然秉持中性。想象一下在如翠的草地上行走，"天街小雨润如酥，草色遥看近却无"，绿色分明就在脚下我们往往却对它视而不见：下次再去新的地方、记得低头看着脚下，留心观察地板、人行道和自然界，也不要忘记抬头看看天花板。

尝试使用天然粉料，无论是绿意盎然的植物还是裸露在外的砖块，只要将色彩和材料有机组合起来，就不显矫揉造作，而更接近中性自然。天然材料是中性化的，我们也自然而然地把对应色彩与之相联系。

明度、色调、彩度、材质，甚至是抛光加工，都可以使色彩变得更易于搭配。例如最淡的红色可以是暖色系中性色，呈现出浅浅的粉白色，军绿色和深卡其色都是绿色的不同色调，海军蓝则是蓝色的深色调。斑斓色彩因原色而生，令人"情不知所起，一往而深"。

第三节　色彩与空间感受

一、色彩带来不同的感受

除欣赏之外，我们可以通过触摸、品尝、嗅闻与记忆来感知色彩，并获得强烈的色彩感受和体验。对色彩的独特感受进行探索，是让房门焕发生机、展现个性的关键。我们都有自己的记忆与对色彩的联想能力：祖母家旁的枫树叶，可能会让我们有家的感觉；而自家门前的那抹绿荫，也能让我们感到快乐，有人喜欢黄色，因为他们喜爱柠檬和亮光，有人却会回避黄色。在寒冷的冬天，我们也许会渴望色彩：希望把自然色彩带入家中，以此抵消城市混凝土的冷硬之感，如带一枝红梅回家（图 4-3-1）。

色彩是明亮的。我们对色彩的熟知会随着四季更迭和时间流转而不断变化。在接下来的部分，我们来体验一下色彩的辛辣火热、宁静平淡，嗅闻色彩的馥郁芬芳，比如去皮的柑橘香气馥郁。这种既甜蜜又酸涩的嗅觉体验令人惊叹不已，在烹饪过程中，柠檬可以给珍馐提鲜，让人"眼前一亮"。柠檬看上去亮眼醒目，尝起来提神醒脑。相配的色彩耀眼夺目，同样的感知也适用于阳光色。过量的酸味会让人难以下咽，面酸味过少又显得平淡无奇。明典的相穑色调，从罂粟黄到不饱和的葡萄柚色，都为空间注入了勃勃生机。这些色彩代表愉悦，能唤人们起对阳光和温暖的遐想，因此非常适合客厅以及儿童房（图4-3-2）。

图 4-3-1　餐桌上的红梅

图 4-3-2　浅绿与葡萄柚色搭配的儿童房

　　紫色与薰衣草，紫色散发着葡萄的醇香甘甜，也裹挟着轻盈飘逸之感。可以说，最迷人的紫色便是薰衣草色。薰衣草的气质安宁沉静，而淡紫色的外观显得浪漫柔和。当薰衣草风干之后，其色彩饱和度随之降低，变成了莫奈笔下如梦如幻的紫色调——空气、薄雾与黄昏之色（图4-3-3）。在这种色彩的衬托下，气息、味道和触感由内而外自然生发，可谓匠心独运，别具一格。

图 4-3-3　风干的薰衣草

　　蓝色与水，在炎热潮湿之日一跃而入水池之中，或者在口渴难耐之时痛饮凉水，真是令人神清气爽。水也为我们提供了一种感官体验。水可解郁安神，使人精神舒缓，亦可幽邃深沉，令人心满意足。即使水并非蓝色，但在体验蓝色与水的组合之后，蓝色也会带给人清爽之感（图 4-3-4）。蓝色与水的联系如此紧密，以至于蓝色几乎成为海洋的代名词，也让我们联想到晴朗的天空、凉爽的微风，以及清新的空气。

图 4-3-4　蓝色带来清爽之感

　　绿色与自然，绿色代表生长与生命，带有泥土的气息。它柔和而富有纹理，就像鼠尾草一样，软萌可爱；也可以多彩而清爽，如同薄荷叶一样，清新怡人。它会让人想起割断的草叶所散发的青草气息，或者像香菜和韭菜等草本植物所具有的强烈味道。伊人千面，绿意多姿，莲叶的绿色会带给人多层次的感官联想，这也正是它的魅力所在（图4-3-5）。

图 4-3-5　充满魅力的绿色

　　中性色与香辛料，香辛料是烹调的基石。试想一下，菜肴的烹饪通常是从炒大蒜和炝洋葱开始的。中性色也是室内配色的基调色。如果仔细考虑所选色调，室内配色会更加协调、精致，正如同使用了调味香辛料后，食物的味道会更加鲜美一样。试想香辛料上的不同色彩——陈皮、肉豆蔻、黑胡椒、红辣椒、芥末籽、白芝麻粒，而中性色则为美丽丰盈的房间奠定了基调。

二、四季带来的色彩感受

　　如果我们想用色彩唤起感觉，可以先从观察四季做起。尽管装修房屋的频率远低于四季更迭的频率，但我们可以经常重新布置餐台，桌子的方寸之间，便是唤起季节色彩的最佳之处。餐桌是时令的传统象征，自然风景可以唤醒我们的用餐体验。当然，还有很多方法可以将四季融入家居生活，让我们先来看一下餐桌吧！

　　我们可以把冬季看作是轮回的起点，一切都是新的，世界的色彩沉寂下来；更显安宁平静。它低调柔和，朴实无华，近似于沉睡中。白昼越来越短，光线很快消失。如是这般的风景，会让我们联想到浅灰色、冰蓝色、银色以及柔和的紫色。

使用蓝白色相间的盘子、蓝色玻璃杯、大理石桌面以及银色餐具，可将冬季意象引至餐台上（图 4-3-6）。

图 4-3-6　餐桌上的冬季意象

春季，春季充满了新的能量，代表着成长与希望。设计师往往喜欢将柔和的色彩混搭，更重要的是，绿色的寓意是美好的。设计师将各种柔美的绿色带到餐桌上，再用奶油色和冷白色将其逐层陈列开来，并搭配薄荷绿色的纺织品、深绿色的玻璃器具，以及清新的绿色条纹水杯（图 4-3-7）。

图 4-3-7　餐桌上的春季意象

夏季激情四射，活力澎湃，色彩在夏季变得浓郁、热烈。夏季以明媚、鲜亮著称，具有愉悦的色彩和欢快的氛围。使用蓝色、柑橘色和蛋黄色的多彩配色方案吧！只需取一分明亮色彩，便能装点整个餐台（图 4-3-8）。

图 4-3-8 餐桌上的夏季意象

秋季，秋季是变化的季节。秋日的色彩温暖而充满过渡性，但不及夏天那样明亮。秋季见证了所有中性色调之美，这些中性色调温暖舒适，安详惬意，看看那些变色的树叶，它们就是配色的灵感源泉。配以混合金属、木材、斑点图案的陶器，柔软的粉色，不同色调的蜂蜡蜡烛，以及各色的天然材料，可以打造出优雅别致的餐台（图 4-3-9）。

图 4-3-9 餐桌上的秋季意象

三、色彩对空间效果的影响

（一）色彩搭配应遵循的原则

要想在室内创造出宜人的氛围，首先要考虑色彩搭配的整体性原则。室内设计中的色彩呈现两种情况：一种是固定性色彩配置，包括构成室内空间的三个主体：地面、墙面、天花板；另一种是移动性配色，就是将色彩的变化放置于能够移动的实物上，使色彩在变动的状态下获得更多的配色效果。如室内窗帘布的变换、桌面、桌布的更换，或者沙发套的更新等。

室内设计中固定性色彩配置具有一定规律。地面色彩在整个室内设计中占据较大面积并处于人的视线以下的位置，应该掌握一个基本的原则，注重色彩的沉着性和稳定性，所以常常运用低明度与低纯度的色彩配置。室内墙面色彩的选择使用浅色或中性色最为合适，墙面在地面与天花板之间起到连接的作用，恰当的色彩运用会形成具有层次和节奏感的色彩空间效果，同时，偏亮或中性的色调有利于室内家具与饰品的点缀，避免墙面色彩与饰物色彩产生冲突。天花板在整个室内起到空间封闭的作用，虽然不与人的视线直接发生联系，但其面积较大，对整个室内色彩的和谐具有十分重要的作用。天花板的色调多倾向浅淡的色调，一方面有利于视觉的空间扩展；另一方面对室内光线的反射起到一定的帮助作用。

室内设计中移动性配色可以让色彩在不断变动中获得更多的配色机会，在室内色彩主体物确定的前提下，其他一切承载色彩的室内物体可以有选择地自由组合搭配。例如，可以将色彩按照系统的原则进行安排，首先依据知觉强度将色彩所占的空间面积进行分配，大面积的色彩往往被地面和墙面占据，中性的色彩可以放置在那些比较具有活动性的物质形态上，而小面积的色彩则要留心设置在有意让色彩起到跳跃作用的空间亮点上，这样，室内空间的色彩层次才能在色彩秩序中得到有机的统一。

从色彩的角度考虑室内设计的统一性，必须重视室内任何一块色彩给视觉带来的刺激作用，一般会将室内大的色块在明度上处理得沉稳一些，而对于面积较小的色彩，往往在明度和纯度上都处理得比较高。越是小面积的色彩处理更要小心谨慎，一旦处理不好整个色彩的和谐感就会遭到破坏，那些小面积亮丽的色彩常常由室内中的艺术品来承当。如由一幅精美的画作或者一件漂亮的摆设来突出小面积色彩在整个室内空间中的显著地位。

（二）利用色彩改善空间效果

利用色彩改善空间效果是室内色彩设计的关键。充分利用色彩的物理性能和色彩对人心理的影响，可在一定程度上改变空间尺度、比例、分隔，以此达到改善空间效果的目的，如图 4-3-10 所示，大空间宜采用中性色调，局部可用鲜艳的色调以减少空旷虚飘之感。而小空间宜采用明亮色调，以缓和压抑局促之感（图 4-3-11）。又如，居室空间过高时，可用近感色，减弱空旷感；墙面过大时，采用收缩色，减少压力感；柱子过细时，宜用浅色，加强分量感；柱子过粗时，宜用深色，削弱粗笨之感。

图 4-3-10　利用色彩改善大空间的效果

图 4-3-11　利用色彩改善小空间的效果

99

四、色彩风格鲜明的设计案例

（一）加州风情的案例分析

格兰特·威廉·芬宁是洛杉矶最具创意的家居商店之一。劳森·芬宁（Lawson Fenning）的联合创始人，当问及家对他来说意味着什么时，"私密、平和、舒适"是他经常使用的修饰词。他和搭档尼古拉斯一同清晰地捕捉到了悠闲的加州住宅氛围。

洛斯费里斯的住宅建于 20 世纪 40 年代，是一类名为"加州小屋"的早期预制概念设计房屋。他们于 2010 年购买了该套房产，并花了一年多的时间进行翻新，翻新时保留了原先紧凑的斜屋顶和横梁。房子坐落在陡峭的山坡上，独特的 Y 形结构立柱是其特色，而房子的立柱大多暴露在开放的平面中。"这里有点像树屋，"格兰特一边说，一边展示房子的背面。房子里有很多窗户，透过窗户，可以看到其下茂密的森林宅院。

大自然的语言影响了格兰特的诸多设计决策，他经常借鉴自然界的配色方案。绿色、蓝色、灰色以及棕黄色的原木色调突出了柔红色和赭黄色，这在楼上尤为突出；而在楼下，浅色的原木色调则更显温暖舒适。格兰特将他所有的色彩决定归结为"情感和本能，因为这是我的家"（图 4-3-12）。

图 4-3-12　浅色的原木色调的客厅

　　客厅选用中性色，两个卓荦不羁的翠绿色书架为空间注入了生机与活力。沙发和椅子上的装饰织物也染上了淡淡的绿色。在格兰特的家中，色彩的运用是经过深思熟虑的，并有意为之。在适宜的材质上活用丰富的色调，轻松强化视觉效果。

　　在主卧室中，格兰特选用了温暖的灰色和深沉的木色，以及抛光漆柜门上的赭黄色（图4-3-13）。这种舒缓的色彩让他感到快乐；并能唤起他最初的设计灵感——童年的卧室。

图 4-3-13　格兰特卧室的设计

　　他年少时，家人允许他对自己的房间进行装饰。他在三面墙上张贴了硕大的黑白棋盘图案的壁纸，而在第四面墙上，添置了橙色的卡通小猫和黄色小鸟。"我一直喜欢这种感觉，直到我长大了也是如此。"他开玩笑说，"十几岁的时候，我说服了妈妈，把它换成了中灰色的壁纸"。不过，他仍然青睐黄色，现在他家里也有黄色的壁橱门，这是对他初次尝试色彩设计的友好回应，客房则充盈着凉爽的灰色和明亮的天蓝色。两间卧室都是运用色彩的极佳实例，烘托了休息空间的舒适氛围；中性色的混搭是保持亮色稳定的关键。

　　尽管格兰特在北卡罗来纳州传统的殖民式红砖住宅中长大，但他的母亲则深受英国设计师大卫·希克斯（David Hicks）的影响。"我们住在一套传统的房子里，那里有很多色彩和图案。"格兰特说。他的父母还在北卡罗来纳州的海岸建造过一座环绕在雪松之中的现代海滨别墅，别墅采用了折纸屋顶，直到今天，那仍然是他最喜欢的房子：影响格兰特设计的因素来源于他的旅行经历，其住处也改变了他的世界观。一次采访中，"去年，在米兰设计周之后，我去了科莫湖旅行，住在帕特里夏·厄奎拉设计的伊尔·塞雷诺酒店。"格兰特说，"她对色彩和材料的运用让我深受启发，她将地球上最美丽的地方之一融入了自己的配色方案，这个配色完美无缺，和我对这个地方的感觉近乎相同。"

另外一个典型案例就是位于布鲁克林日落公园旁的一座公寓，那是夏洛特·哈尔贝格和她的丈夫埃里克·冈萨雷斯的家，这套公寓的设计理念是构建一处简约的中古风树屋外观的家。

房屋的这一灵感可以追溯到 2012 年，当时夏洛特在费城举办了一场艺术展，并参观了展出作品的画廊。其中的一位画廊老板住在一处偌大的工业公寓里，那里除了沙发和咖啡桌，其他地方满是植物，从地板一直铺到了天花板。"整个房间都碧绿色的。"夏洛特描述道。

她喜欢在城市中心的那种感觉，但那里通常没有多少绿色。从那之后，她有意识地将更多绿色引入家居空间，既有绿色的植物，也有其他形式的绿色。客厅是公寓里自然光最少的地方，因而夏洛特不能在这里种植植物，不过绿色的沙发化作了自然元素的替身以沙发为起点：两人对房间的色彩进行了设计。他们选择了类似的主色调，如饱和的蓝色、点染的绿色以及天然的暖黄色材料，进而填充起整个房间（图 4-3-14）。沙发区是他们阅读书籍、播放音乐和欣赏电影的地方，他们特意把这里打造得更暗、更舒适，更适合放松自我。将墙壁漆成浅橄榄色，也是传统强调色彩的方式之一。

图 4-3-14　充满绿意的沙发区

夏洛特提醒那些想做出大胆配色方案的朋友，应该在一天中不同时段去观察色彩、确保看到色彩的变化：并确认喜欢它们。虽然黄绿色的房间一开始看起来逸趣横生，但它最终会变得充满挑战性。每天早上醒来之后，她和丈夫就会盯着墙壁的色彩看。他们笑着说，这堵墙就像一条变色龙。夏洛特开玩笑地说："有时它看起来像橄榄色，有时几乎是橙色的。"我们可以从沙发后面看到，公寓里几乎没有储物空间，多数东西都摆放在专门的置物架上，因而不显得杂乱，整个空间充满了简约天然的材料。

夏洛特的丈夫埃里克是一名艺术家及家具设计师，两人设计并制作了家中的大部分家具。公寓里的家具多由废旧材料重新制成；因而制作成本不高。例如，餐桌是由一根漂亮的老松木制成的，这种松木也是他们建于19世纪的工作室建筑材料之一。

他们对空间的照明做了较多调整，夏洛特在灯光设计工作室工作，由于工作原因，她拥有一系列灯具，包括自己设计的灯具。替换掉原先普通的灯具后，他们给屋中增加了不少复式灯具，这让空间的感觉大相径庭。用餐厅角落有自上向下的光源，把饭菜照得一清二楚，光源营造的氛围舒适又温馨。家居空间不大，因而控制不同区域的照明会对每个房间的氛围产生很大影响。

夏洛特喜欢卧室里的自然光，但是清晨的阳光会将她唤醒，因此她不想光线太刺眼。于是在房间里，她选取了一种明亮、凉爽的色彩，又不过于张扬。除必备家具之外，她将家居焦点集中在艺术品上：即使在卧室里也不例外。这些艺术品既有夏洛特祖父母和母亲的油画、素描和雕塑，也有朋友和艺术家的画作，还有一些自己的作品（图 4-3-15）。夏洛特说："和家中的每一件物品都有所关联，对我们来说十分重要。"

图 4-3-15　夏洛特的卧室设计

103

夏洛特认为，家是一处用于休息和恢复元气的地方，她只想简单地整理家和卧室，每天都能欣然醒来，又能酣然入睡。

（二）极简主义风格案例分析

著名的编剧凯拉·阿尔珀特和她的丈夫从小就生活在满是古董和书籍的环境中，因此他们既欣赏传家之宝，也会光顾跳蚤市场按照凯拉的说法，"极简主义是一种外来概念"，而她则坚持自我，这就是凯拉能够自由地把各种作品整合在一起，又不用担心它们相互冲突的原因，甚至不存在"装饰"本身，一系列的作品自然地装点着凯拉的家，例如一把饱经沧桑的双人椅、一对巨大的黄铜鹤、老式的约瑟夫·弗兰克窗帘，不同元素的融合吸引着凯拉的注意。

她希望自己的家乐趣不断、轻松惬意又充满活力。"走进家中，大家都倍感轻松。"她说。从她的生活方式来看，凯拉需要一处非常舒适的家，便于家人举办派对、聚会和游戏娱乐。他们也希望家是能够烹饪、观看电影、舒适怡人的地方。"我们的家既是遮风挡雨的港湾，也是永远开放的起点。"凯拉说道。

客厅利用了冷暖对比，起初，凯拉并没有统一的色调和布艺品，她就从一面白墙开始尝试：比如在客厅，因为她很清楚自己可能会买入各式各样的物品和家具，它们颜色鲜艳、风格迥异。她喜欢洛杉矶的波托拉涂料和釉面漆（Portola Paints &Glazos）。"它们有最为丰富、最令人意想不到的色彩，也有定制款。"客厅中的家具大多是暖色的，例如粉色的双人座椅、浓郁的橘黄色沙发，它们共处一室，和而不同（图 4-3-16）。

图 4-3-16　粉色座椅与桔色沙发

　　尽管空间的感觉可能会随着时间的推移不断发展变化，但这些作品清晰地展现了凯拉所爱的色彩。她的家是一个很好的案例，可供我们参考如何轻松地整理房间，以及随着时间推移如何收纳越来越多的物品。当我们清楚自己喜爱的色彩，并了解如何使用、搭配它们时，这些色彩便可和谐相生、携手共存。

　　凯拉的另一个客厅选用了薄荷绿的墙和更深的绿颜色，使用色系不同色的手法（图 4-3-17）。在基调色上再搭配其他层次分明的色彩，毫无矫揉造作之感，和谐统一，就如同将自然的风光景致带入了家居生活一般，世间风景可不止一种色调。

图 4-3-17　薄荷绿的墙和深绿色的沙发

　　餐厅的设计十分清爽，餐厅大胆运用了冷色调，拿捏得当，堪称范例。这种冷色调使人精力充沛，又不过分夸张。愉悦的绿色与东方地毯上的深红色、蓝色相得益彰，共同构成了空间色彩的基础。这块传统地毯的色彩深沉而又丰富，不会过于鲜亮饱和，极好地衬托了明亮色彩（图 4-3-18）。搭配醒目、明艳的色彩时，要找到统一融合的方法。如果其他物品都是米色和灰色的，那么绿色便会占据整个空间，在这个餐厅中，尽管红色和深蓝色的色彩斑斓、张扬，但充当了空间里的中性色。

图 4-3-18　清爽的餐厅设计

　　凯拉的目标是为每个房间都加入一些惊喜、幽默的元素，她从未见过自己不喜欢的颜色。她希望设计新空间的人不要缩手缩脚，也不要在意什么"合而为一"相对的，她主张去选择自己喜欢的色彩和适合自己的色彩，就像我们在自己衣橱里看到的那些色彩。她补充道："杂志里宣传的中性色看起来很棒，但如果你有了孩子、养了狗，也许还会再喝点酒，情况就大不相同了，相信我，真的。"

　　另一个极简主义风格的案例是凯特坦普尔雷诺兹对自己居所的设计，是凯特坦普尔雷诺兹既热情又体贴，她的家居配色给人十分舒适的感觉。她尝试使用不同的色彩勾勒出别样的氛围，她也留意到，新的色彩可以彻底改变整个房间，"色彩间的相互作用让我啧啧称奇，"他说，"有些色彩单独看起来令我难以接受，但搭配得当的话，它们将焕然一新"。

　　凯特从她最喜欢的作品着手，进行家居设计，并构建出层次感。有时，她会选用大件的物品，例如一块地毯；有时也会选择让她灵光一闪的小装饰品。举例来说，凯特在客厅的沙发上铺满了手工织物，她喜欢这些出自朋友苏拉娅·沙阿之手的纺织品，并用它构建了她家楼下空间的基调色。这些织物也影响了其他艺术品的选择——凯特选择了类似的纺织品，使用了色泽浓郁的紫梅色，在更广泛的色彩领域中凸显层次。结果令人满意，成为珠宝色泽和大地色调完美结合的范例。

凯特使用的紫色给人一种脚踏实地、浑然天成的感觉，既不过于阴柔，也不会豪奢无度，突破了我们对紫色的固有成见。

她建议，初学色彩搭配的朋友应该先尝试易于上手的设计项目，用于测试新的色彩。"你可能不想直接添置紫色的沙发，"她说，"但可以先（在家里）加上几缕紫色，看看效果如何。凯特力荐应在墙壁上试刷涂料，并在整墙喷涂之前，于一天中的不同时间观察试色，这样一来，我们就可以看到家中的自然光线对颜色会产生怎样的影响。她曾为楼下选择了白色涂料，原本想让空间有一种连贯的流动感，但当她把墙壁刷成白色之后，她意识到，自己的决定是错误的。""不知何故，它看起来像是黄色的，就像香蕉片一样！"她说。好在他们迅速做出调整，但这对她来说却是一个教训——要在全面涂刷和零星测试之间找到平衡。"相信直觉，"她说，"如果你觉得某种色彩的感觉很怪，或者感觉它很难达到你的预期，那它可能不适合你。但是也不要害怕，去尝试吧！"

凯特的餐厅连接着客厅和厨房。在这个开放空间中，配色的流动感尤为重要。深灰色、原木色、灰褐色和紫色在空间中显得格外突出，如同客厅的延伸。厨房则更加明亮、通透，也蕴含着紫色（图 4-3-19）。

图 4-3-19　凯特的餐厅设计

色彩的呼应在她的家居装饰中随处可见，她的家位于布鲁克林联排别墅，房

107

屋为 20 世纪早期所建，如今她和丈夫雷姆以及两个儿子共同居住。在家里，她最喜欢和孩子们一起画水彩画。"看到色彩组合在一起，尤其是画抽象图案的时候，十分有趣。我六岁的儿子很喜欢画各种形状和图案。"她说。虽然凯特来自南卡罗来纳州的哥伦比亚，但她认为自己的家居风格并没有像儿时的南方家庭那样传统。她的母亲是一名室内设计师，当谈及装饰，她总能不落窠臼，别出心裁，这对凯特的审美产生了很大影响。出于这个原因，她更喜欢将色彩和图案进行混搭，倾向于营造非"装扮性"的外观和整体感觉。于是，各色纺织品、墙纸和地毯齐聚她的家中，琳琅满目，精妙绝伦。

主卧室的色彩丰富多样，滋润舒适，斑斓多彩，烘托安详舒适的氛围。灰绿色的墙壁柔美雅致，不像白色那般单调。纺织品引入了更为醒目的色调，例如金黄色、红色和蓝色，但不会那么抢眼。另外，她在小范围内使用柔和的墙壁色彩，保证空间的宁静氛围；尽管楼上的配色方案中白色居多，略显传统，但凯特利用窗饰和床品，同样为孩子们的房间带来了各种色彩（图 4-3-20）。

图 4-3-20 色彩丰富多样的主卧室

第五章　室内设计的装饰思维

室内设计的主要装饰目的就是对已有的空间进行装饰改造，本章意在研究室内设计的装饰思维。第一节为视觉语言的表现手法，第二节为装饰材质的应用，第三节为光照效果的应用，第四节为传统工艺的应用。

第一节　视觉语言的表现手法

一、视觉语言的哲学需求

价值观源于我们对现实、知识以及自我的基本定位，其影响贯穿于我们现实生活的细枝末节，并会在事物的创造过程中得以体现，而正是这些事物构建了我们生存的世界。反过来，现实生活所赐予的东西，它所提供的或者是拒绝给予的可供变化的机遇、兴趣的力量、习惯的巨大惯性、无论在做什么事情时所遇到的困难，等等，都有助于维持一些表面上的价值观；纵使是当它们已经不能再满足我们的兴趣，为我们提供愉悦的时候。人们围绕任何装饰理论话语的衰落有两种解释，矛头或是指向概念纷争，或是指向环境的因素。

但是，我们必须谨慎，以防把这两种解释混为一谈。哲学问题只能从哲学角度给予答复，历史学或社会学问题也只能从历史学或社会学角度挖掘证据加以论证。在部分内容，我们先将暂时把装饰的社会功能放在一边，转而探讨一些哲学问题，因其关系到装饰价值观的批评分析。在此，我们会提出一个假设，但我们的主要目的不是证明其正确性，而是借助它的力量来探讨一些思想，以此重新思索我们的主题。

回顾历史，对装饰及视觉愉悦的诋毁，其实是各领域内古典典范持久力量作用的结果之一。为了证实这一点，我们会大量地参考柏拉图的哲学观点，但是这个问题并不是我们本意要探讨的问题，而是接下来会把它用作学术理论的基础。这个问题并没有局限于过去的正统学院内，它依然活跃于当代体制化的先锋派学

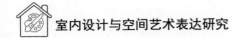

院内，依然具有破坏性，它们系统地贬低了装饰带来的愉悦。

在这里需要讨论的一个主要话题是一般和特殊之间的视觉联系。乔舒亚·雷诺兹所著的《艺术演讲录》为此提供了最清晰的说明，特别是在第三次讲演中，学院派争辩道：艺术家必须——抛弃所有对他生存的时代和国家的偏爱，必须漠视所有地方性的暂时的装饰风格而只着眼于那些无论何时、无论何地都适用的普遍装饰习性。

他必须为争取获得物体的"一般形式""固定并确定的形式"或"核心形式"而奋斗。雷诺兹认为这需要"长期不辞辛苦地比较"自然实例，因为每一个自然实例（比如叶子），从这种广泛的角度看来，都反映了一些诸如瑕疵、缺陷之类的个体特征。通过对实例的比较，艺术家对美的形式有了确切的理解；通过自然本身来改正自然，通过自然本身更多的理想状态来纠正其不完美的状态。艺术家的双眼善于识别事物不经意的残缺与不足，并于整体形象中，抽象出比原有形式更加完美的含义，这种艺术家们追求的自然完美状态被称之为理想美（the Ideal Beauty），已经成为指导那些极具天赋的作品的不二法则。

当然，雷诺兹着眼的是绘画、雕塑和建筑这样的"高级艺术"，但是他所谓的理想美却是逻辑必然性（entailment）这座大厦的顶点，而它通过次要艺术 / 小艺术（lesser arts）降到图案设计者、木雕师，甚至降到纯粹的制造业等各种有关行业上。正如雷诺兹在书中开头提及的那样，通过这种雕琢装饰，"如果高层次的艺术设计繁荣起来的话，这些低层次的末端艺术形式也当然会兴盛起来"。句子中这个假定的"当然"向我们预示了一个世界。其中一个主要的推断是：与其主要的体现形式相比，建筑、雕塑和绘画的细节问题无论是从其本质还是从逻辑角度来看都处于次要地位。如果把细节认定为装饰的话，也就无怪乎装饰的地位到现在一落千丈了，并且装饰设计的地位也落得了同样的命运。

贡布里希在其《秩序感》一书的第一章中总结了古代人们反对不适宜装饰的法则，以及这种法则如何延续到现代的。正如贡布里希展示的那样，这些来自于古代的责难并不是反对装饰，只是反对过度地运用装饰。坦率地说，雷诺兹的观点更极端些，因为他没怎么考虑"不适宜"这一概念。理想美不是有关适宜得体的理论的一部分，而是一个绝对的有关品质的原则，通过这个原则卓越性得以向下"传递"。

我们从一开始就应该清楚上述论点的内涵——它属于形而上学，它是从古代天体演化对积极的思想与充满惰性的物质之间的区别中推导出来的；而思想在物质的基础之上，也通过物质来运行。柏拉图的形式理论正是根植于此。这种理论认为事物的形式存在于理想美当中，在逻辑上处于比真正存在的实体更加优越的状态。

它进一步对宇宙与人性进行了二元描述，其中，目前关于"思想大脑"的辩论只是其历史车轮的最新运转。与此相对，我们需要确定一种自然主义的形而上学（naturalist metaphysics），它认为自然形式的世界现实形成了一个单独的领域，不受由思想、精神（spirit）或一些抽象的普遍概念组成的另一个世界的干预。

在雷诺兹看来（就其纯形式而言），艺术家或建筑师就像哲学家一样，探索着隐藏在绚丽外表下的世界的理想根基。他对自然界一般形式的认识保证了品质得以从高层次艺术传承到日常的制造业和工艺。因此，装饰颇似自然界中不经意的细节，价值平平，其带来的美感是次要的，有依赖性的。

提出了一个可行的假设，即这种理想主义的形而上学是所有的贬低装饰及视觉愉悦价值的行为的基础。反之亦然，当我们遭遇抵制装饰的行为时，我们会在老柏拉图的某个思想火花迸发之处与他的灵魂汇合，这就好像对视觉愉悦的限制源于宗教或政治一样。

学术界就设计和色彩各自的影响力展开了旷日持久的辩论。在绘画的诸多元素中，应该以绘图为主，还是以着色为主，杰奎琳·利希滕斯坦在其作品中把这种冲突视作理论的理性要求与视觉世界之间永久矛盾的一部分。她认为，色彩——摆脱语言霸权地位的艺术表现手法中不可削减的成分，具有使文字能够诠释色彩及激发情感的作用。

一方面，在法国学术理论中，对形式的图绘保证了绘画的话语特征，而且是通往理论理性领域的关键。另一方面，色彩是物质的、快乐主义的、模拟的。我们再次发现色彩与绘图间悬而未决的关系源于学院派的理想主义形而上学的思想。人们诋毁色彩是因为色彩使得视觉表现手段（甚至于这些表现手段的装饰特征以及装饰细节）逃脱了理性和语言的掌控；而绘图却截然相反，因为绘图服务于形式。正如利希滕斯坦所言：柏拉图主义强加的等级制度使得色彩成为反柏拉图主义在绘画中的场地，事实上，也表现了绘画的反柏拉图主义。

因此，在学术辩论中，支持颜色使用的学者们威胁到了话语的控制权，也同时威胁到了绘图的首要地位。

二、构建视觉语言中的色彩体系

从色彩本身考虑，它只是一种纯粹的装饰，不像任何东西。要求要有巨大的理论上的努力，把逻辑上和实体上的有关相似性、真实性的标准，也就是说是设计的标准运用到颜色上，为了让色彩具有实物的模仿性，将绘图与彩绘等同起来是很有必要的。只有这样，彩绘与书写的东西才能找到相似点。

所以，便有了以下结论：动摇绘图的特权地位就等于挑战学院派，也就意味着其质疑的不仅是理论原理，还是彩绘的尊贵地位得以建立的根基。质疑绘图至高无上的地位就等于攻击使图画的表现手法得以被人理解的理性条件，也因此会打破彩绘与话语领域之间任何可能的联系。简单的工业风办公室（图 5-1-1）、书房以及会议室（图 5-1-2）会考虑到其所处的背景，法国 18 世纪就色彩与绘图展开的大辩论带着浓厚的意识形态的意味。原因就在于彩绘与理论理性的结合。依附着学院派专制而又富丽堂皇的外衣，它们的结合也是这个国家的华丽的外衣的一部分。

图 5-1-1　工业风办公室设计

图 5-1-2　工业风会议室设计

读者们将会注意到我们一直探讨的学术传统及其产生的基础——形而上学思想已悄然酝酿而成。似乎任何哲学理想主义不管其出处为何（并不完全是主观主义）都必然带着某种性别化了的象征主义色彩，因为其产生的基础是二元存在论。当然，把色彩（和细节）描述为物质的、快乐主义的、模仿的，这其中有一种女性特质的归属感。纳奥米·斯格尔进行的一项复杂的研究就以此为主题，其研究非常贴近此处提出的观点。这种假定的色彩与装饰的女性气质（特别是从新古典主义理论贯穿到建筑现代主义）已经成为辩论当中和通俗理解当中的一个强大的修辞筹码，如果我们遵循这个分析思路，就会轻易地发现为什么色彩问题在后君主制及后学院文化中蕴含如此丰富的含义，尤以 19 世纪中期的巴黎为典型。那种以色彩为主旨的彩绘传统，其影响从德拉克洛瓦到马蒂斯甚至纽约画派。这代表着色彩对设计的胜利。但同时，这种彩绘传统也带来了一些问题，即语言对色彩的诠释不得要领，因为确切地说，根本没有什么语言可以胜任此任务。这种发展趋势在 18 世纪的大辩论中是盲从的，那时绘画的意义已出现了从绘图到色彩、从话语到修辞、从概念到物质的转移，叙事、语言价值日益难以维系。

利希滕斯坦这样总结道：色彩不能作为任何话语的对象并不一定意味着其本性的残缺；但它却是语言表达有限性的标志，因为文字在描述色彩的效果及影响力时显得那么贫瘠无力。在色彩中，话语失去了它所钟爱的秩序，其象征意义也达到了极限。色彩总是集所有散乱的模式于一体。

构建可以被人理解的语言用以讨论过去数年中的彩绘艺术通常是困难的，而若是同样构建用以描述装饰中色彩的语言想必就会难于上青天了。因为，从原则上来说，装饰是反对散漫的，特别是涉及装饰的某些方面，如表面图案。在表面图案中，绘图只是色彩分布的工具。语言的局限性问题在很大程度上会影响我们去确立如何重新思索装饰，这一问题将日趋明朗。在涉及诸如物质艺术的事物时，我们能谈及话语，但这是一种实践的话语，要求完成从明确知识到漠视知识的转换。因此，不应把其解释为反对理论的策略。

色彩地位的重要性在坚持现代性理论的过程中得以证实。利希滕斯坦主张，在学术理论中，"色彩是纯装饰"这一论点在某一现代主义理论中为另一论点所替代，即色彩是纯视觉。因此，纯视觉和"与实物的相似"是不可调和的，因为相似需要形式上的相似。

学者们对色彩根深蒂固的质疑在康德的《判断力批判》中表露无遗。在这方面，康德的这本书使得尚未阐明的学院派柏拉图主义永存于世：事实上，设计是所有成形的艺术中的基本要素，如绘画、雕塑、建筑园艺以及美术。趣味的基本前提并不是什么我们的感觉得到满足，而是什么以其形式让我们愉悦。让草图熠熠生辉的色彩是魅力的一部分。毋庸置疑的是，色彩以其独到的方式让被知觉的对象生动起来，但却不能赋予它真正值得观赏和美丽的特点。事实上，美丽形式的要求往往是把色彩的使用限制到一个极其狭隘的范围。即使人们承认某种色彩是具有魅力的，那也只是因为形式为色彩带来了荣耀。

正是基于这种假设，我们稍后会注意到，有一种顽固的观点，即认为古典建筑是白色的，否则的话，就不是古典建筑。色彩的功能就在于"让被知觉的对象生动起来"这一观点更是被应用到任何一种应用装饰之中。

把色彩的意义界定为"仅仅只是具有魅力的"，这个界定和18世纪科学界所进行的首要品质与次要性质之间的区别相似。色彩根本不是艺术中的本质特性，只是存在于知觉者的心智表征中。橘子不会看起来像是"橘色的"，因为它事实上就是；它是"橘色的"，因为它显出橘色。世界的根本的主要属性与其外表的区别根植于约翰·洛克的经验主义和艾萨克、牛顿的科学理论（特别是色彩理论）当中，同样也出现在笛卡尔的光学研究中。物体的主要性质构成了实体，且只能用数量数学和物理学方面的术语来描述（如维数、位置、质量等）；次要性质，即表象就不能用这些词汇去描述，在它们身上往往有些主观的东西——在描述色彩时尤其这样。

上述的区别对知觉科学产生了重大影响，引起人们在色彩视觉的客观主义理论与主观主义理论之间展开了进一步的大辩论（一直持续至今）。伊万·汤普森在他的《色彩视觉》一书中对此进行了描述与分析，读者可参考书中第二章的详细内容。现在，我们需要关注这个区别，因为在描述主观与客观关系的时候，他把这种描述性语言融入一般的语言当中，因而也就把其产生的基础这些形而上学的假设融入其中。关于实体特征的假设就包含其中。根据这个假设，主体与客体是实体的特征，而非合乎文法的启发式教育法或者信手拈来的虚构，而且只有某些种类的陈述（"科学的"陈述）可以指代实体。因此，科学针对的是真实事物，而愉悦、艺术和戏剧在重要性上是次要的。值得注意的是，在整个现代早期有关光线与色彩这一主题的书籍都是用铜版画作说明的。铜版画的图样特征往往都是在白纸上印出粗细与浓淡相统一的黑色线条。因此，科学知识得以通过一种严格的线形媒介来传播。这更加突出了一种用插图进行说明的理论假设的可行性。这一发现的真实性达到了令人吃惊的程度。莫里斯·梅洛·庞蒂在其《眼睛与大脑》一文中就为这种对线的依赖提供了生动的注解。

第二节　装饰材质的应用

一、水泥在室内设计中的使用

水泥这种材质，从来不会有人笑话它烦琐、不亲民，但其实它是条变色龙：人们可以根据自己的喜好随意浇筑、铸造和塑形。顺利完工后，它就成了一个表面斑驳、质地有趣的中性背景，而且任何曾经光脚在磨光的水泥地面上走过的人都会爱上那种绸缎般的凉意。而它也可以制成粗加工的成品墙壁，或者更精致的压印图案瓷砖。配上有机的材质，水泥的暗淡变成了一种品格，为生机勃勃的自然配上默默无语的背景（图 5-2-1、图 5-2-2）。

图 5-2-1　客厅的水泥地面

图 5-2-2　办公区的水泥地面

二、木材在室内设计中的使用

（一）木质地板

木材木地板通常是由硬木或落叶乔木制成，这种树的叶子很宽，从生长到脱落的生命周期为 1 年。橡木，尤其是红橡木，仍然是最常用的硬木地板（图 5-2-3）。橡树以其鲜明的纹理和色彩范围而闻名。进口木材不常用于木质地板，如来自巴西和亚洲的柚木和南美洲的桃花心木。

图 5-2-3　红橡木地板

松树和冷杉等针叶树种的软木也可用于地板，但不如硬木耐用，更容易腐烂。这些品种通常被称为"常青树"，树叶呈针形（图 5-2-4）。

图 5-2-4 软木地板

硬木与其他硬质表面（如石材）相比，具有很高的抗冲击性。这一特性能够抵抗表面受到的压力，这意味着对地板的损伤风险更小，对使用者的肌肉骨骼系统的压力更小。硬木地板也比其他硬质表面更耐用，可以预制或现场完成。

现场铺装允许木材在进行适当的表面处理前适应其环境。由于木材易受潮湿和温度变化的影响而膨胀和收缩，因此通常需要对其加以处理。表面加工有助于维持地板的颜色和纹理，保护木材不受潮气和污渍的影响，并保持木材的整体一致性。预制地板通常用聚氨酯进行表面处理，聚氨酯是一种用树脂制成的合成材料，在地板表面形成保护层。

现场表面加工可以使穿透力更强，能够渗透进木材纤维的密封剂。这些通常是天然蜡和油或丙烯酸树脂。任何一种表面材料都分为哑光和光泽效果，可以根据外观需要自由选择。通过染色改变木材的本色实质上是基于美观的考虑。

其他的表面加工技术可以改变木材的特性，例如漂白、酸洗、破坏处理、上漆和镂花涂装。但是，其中一些技术，尤其是漂白，可能会对木材造成损害，并在安装过程中对环境产生有毒影响。

木地板通常有三种规格：木条、厚木板以及镶木地板（有时也称为地板块）。这三种类型都可以通过舌榫结构来安装，舌榫法如图 5-2-5（a）所示。这种方法是将一块木板边缘切割出的凸起，即榫舌，插入另一块木板边缘切割出的凹处，即凹槽内，从而将两块地板进行拼接。其他的拼接方法包括使用胶水和塞缝片，用一张薄片在两块地板间形成楔，将它们锁在一起，塞缝法如图 5-2-5（b）所示。

典型的地板接缝

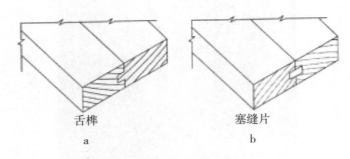

舌榫　　　　　　　　　　塞缝片
a　　　　　　　　　　　　b

图 5-2-5　标准细木工

条形是硬木地板铺装的主要方式。木条通常为 24 英寸宽，用钉子与底层地板连接。厚木板更常用于户外设施，如甲板和露台，铺装方式与木条相似。厚木板宽度不一，通常在 3 英寸到 8 英寸之间，宽度大于 8 英寸的木板往往价格不菲。虽然木条和厚木板给人一种质朴的感觉，但也可以用于现代室内装修（图 5-2-6）。

图 5-2-6　宽板地板

（二）木制装饰

木材能产生一种效果，柔化钢铁水泥这种坚硬的工业材质。在东京店铺的厨房里，为了弥补空间的不足，回收木板被做成了宽条纹料理台。而在 OUTBOUND 这家兼容并蓄的店铺里，木箱和木架被钉在水泥墙面上，重新用于储物。琳琅满目的木器和陶器，以精妙的方式摆放着，引人走近端详。

设计师科斯坦萨·阿尔格兰迪喜欢赋予废弃物件新生。她的这件家具是用从垃圾填埋场拖回来的木头、锌板和铜板制成的，这些东西的魅力很大程度上来源于它们自带的迷人光泽及质地。科斯坦萨生活在米兰的伊索拉区，公寓大楼曾经是街区的"centrosociale"，相当于文化交流中心。她的目标是用自己的创意装修整个家，这样就能打造出一个独一无二的家，让人们看到充沛的想象力加上制作技巧会产生怎样的可能。

（三）木制天花板

木制天花板就是木制品，如墙壁和天花板嵌板、造型、门面、窗饰、橱柜、壁炉架和嵌入式家具。这包括在工厂中现成的产品，以及定制的建筑木制品。木制品往往能够塑造空间的特性。木制天花板不容易拆卸和更换，成本昂贵。因此，在室内装潢的过程中，木制品的选择十分重要。

无论室内设计师、建筑师还是技工（如木匠），在准备木制品的合同或工作文件时都需要大量的详细信息。现代家居中定制橱柜可用于浴室和厨房，甚至扩展到娱乐中心、储藏室、图书馆、酒窖和酒吧。在商业项目中，定制橱柜和其他类型的木制品可以应用于各种空间，从电梯间到酒店大堂、会议室、接待区和商务接待空间。

用于木制品的材料有不同的类型和品级。这些材料为实木，但更多的木制品是由复合材料薄木片和重组木材制造而成，如纤维板和胶合板。

在墙壁、天花板、嵌入式橱柜、书柜或家具中大量使用木材，可以营造一种温馨的氛围。木材的种类、木材本身的处理方式以及用途的不同能够产生或奢华或质朴的效果。材料的选择通常很大程度上取决于木材本身固有的美，因此设计师可以采用自然的表面处理方式进行装饰，而不是掩盖其自然之美。表面涂漆比抹油或涂蜡能更好地保护木材，但用油或蜡进行表面处理能够保留木材的本色。

造型简单的木板、厚木板或条形木板与墙壁、天花板和门处于同一平面时，看起来休闲随意，而凸起的镶板则更加正式。护壁板是一种用于内墙的处理方法，通常由覆盖墙体下部的木板组成，并延伸到距离地面4英尺高的地方。墙裙是护壁板的另一种说法。护墙板指的是距离地板上方4英尺高内墙上的木条。方格天花板是由凹型嵌板组成的。方格天花板作为木制品，可用来打造一种传统而宏伟的室内空间环境。这种天花板主要由木材制成，但也可以用价格较为便宜的塑料来仿制这种雅致的效果。

把木件连接在一起的工艺叫作细木工，是一门专业技能。掌握制作木制品和家具的细木工基本类型，有助于室内设计师了解建筑的质量。地板使用的舌榫法和塞缝法也适用于此。其他方法，如开槽、凹凸榫接以及斜接（图5-2-7）。

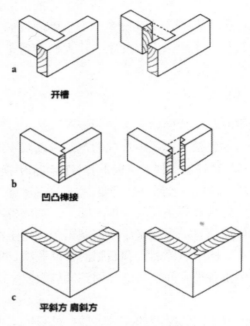

图 5-2-7　典型的细木工

三、织物在室内设计的使用

（一）织物的构造

织物结构分为机织或非机织两类，大多数织物是机织而成。机织是将两组纱线以直角交叉织成一种织物的过程。其中，两组纱线称为经纱和纬纱。经纱是在织机上（用于织造的设备）纵向延伸的纱线；纬纱在经纱之上和之下编织。近距离观察，可以发现机织物品具有结构图案，由一种或多种编织方法组合而成，包括平纹织法、斜纹织法和缎纹织法（图5-2-8）。

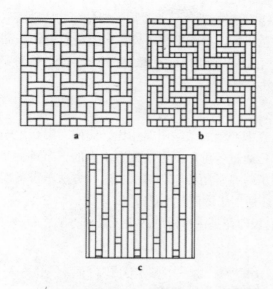

图 5-2-8　编织结构
（a. 平纹；b. 斜纹；c. 缎纹）

用平纹织法织造的织物有塔夫绸、粗横棱纹织物和纱布。牛仔布属于斜纹织物。棉缎属于缎纹织物。缎纹织物的质地通常较为丝滑。

机织织物首先将纤维制成纱线；非机织织物的生产步骤则少一步。它们价格昂贵，但由于低维护性和美观的特性，常用于室内装饰。非机织织物的技术包括刺绣，例如针织、钩编、编织和簇绒，以及黏合和毡合。毡合织法是数千年前中亚发明的一种技术，能够织出一种非机织面料，这种面料通常是通过润湿、加热、施压将羊毛编织而成的。天然毛毡具有良好的防震、隔音性能，是一种绿色产品。

（二）织物的加工工艺

1. 染色

在生产过程的不同阶段，颜色都是织物的一部分。保留天然颜色，或者未着色的合成织物，称为本色布或胚布。可以通过多种染色工艺将本色布变成彩色织物。下面三种是最常用的织物染色的方法。

（1）纱线染色。在这个过程中，织物中的每一股纱线都是单独染色的。条纹和格子织物通常以这种方式染色。

（2）溶液染色。这是一种更经济的方法。在早期的生产中，将纤维浸入染料溶液中。使用的颜色为标准流行色。

室内设计与空间艺术表达研究

（3）匹染。将整匹织物染色。通常用于纯色织物。随着人们对手工艺品及其制造工艺的兴趣日益提高，目前出现了许多天然染色的纺织品可供选择。人们在许多传统和现代家居陈设中使用了一种天然的植物染料，这种染料取自靛蓝植物，通常是墨蓝色。

2. 印花

与织物编织过程中产生的结构图案相比，应用图案产生于印花过程。大多数图案和多色设计都是通过各种印刷方法创造出来的，布料生产出来之后才可以印花染色。这里描述了一些常用的印花方法。这些方法不仅适用于室内装潢织物和窗饰的表面处理，还适用于墙面装饰。

（1）织物的模板印花是一种传统的手工操作方式，每种颜色都需要雕刻单独的木块（图 5-2-9）。

图 5-2-9　雕刻模板和印花织物

（2）滚筒印花（机器印花）是一种直接印刷方式，依靠刻有图案的金属滚筒或圆柱体，每种颜色对应一种图案。这个过程类似于报纸和壁纸印刷（图 5-2-10）。

图 5-2-10　滚筒印花

122

（3）照相印花是一种利用光反应染料处理织物并将照片的底片转移到织物上的过程。

（4）筛网印花是一种在框架上安装细网格的方法。筛网表面的某些部分是不透明的，因此可以抵抗颜色解决方案，类似于模板的创建方式。然后用橡胶刷帚将颜色刷到框架上。由于织物的某些部分被遮挡，只有一部分织物接触到颜色，这样便会形成一种图案。这种方法可以通过手动或旋转机制完成（图5-2-11）。

图 5-2-11　筛网印花棉布

（5）防染印花包括几种不同的工艺，如蜡染和纱线扎染。在面料的某些部分涂上热蜡。蜡可防止染料被吸收，从而创造出不同的图案（图5-2-12、图5-2-13）。

图 5-2-12　蜡染

123

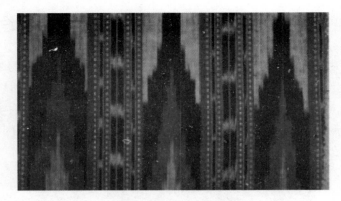

图 5-2-13　防染印花

（6）计算机辅助设计打印技术的应用越来越广泛。也被称为数字印花。

3. 饰面

织物生产出来之后，可以再使用其他处理方法来提高其性能和美观性。可以增强织物的功能性，从而提高其抗皱、防水、防尘、防蛀和防霉的能力，并减少静电和缩水。

热定型技术可以让织物的褶皱永不消失。有目的地让部分面料缩水以形成褶皱是另一种精加工技术，例如打褶便是一种美学选择。之前提到的另一种表面处理方式是上蜡，通过加热加压在织物（通常为棉）表面形成釉面或光泽的纹理。在织物上添加背衬可增加其尺寸稳定性（保持其形状的能力）和耐用性。为丙烯酸和乳胶常用作其他织物的背衬，同样具有以上功能。纺织品装饰是另一种用作点睛之笔的方法，如刺绣和贴花等针线工艺。

4. 图案

选择室内织物时，图案或图形是重要的考虑因素。两种基本图案分别是几何图案和有机图案。有机图案可以用不同的风格进行诠释：自然的、非写实的或者抽象化的。

图案有不同的大小和方向。对于室内设计师而言，当织物用于窗户或墙壁以及家具装饰时，这些是重要的考虑因素。图案重复指的是两个连续图案之间的距离。这需要从水平和垂直两个方向上进行测量。有些物品需要特殊安装，在估算这些物品的订购数量时，图案重复是一个关键因素。

协调各种织物，使整体赏心悦目的关键在于了解设计元素和设计的原则。除色彩、肌理、图案和规模外，节奏、对比度、均衡与和谐等原因也影响各种材料在空间中的使用（图 5-2-14）。

图 5-2-14　图案

（三）织物的应用

　　日本东京有一家不可思议的博物馆，馆里有个关于工作使用的衣物和织物的展览，名曰"襤褛"，意思是不停地缝缝补补。展览中的三万件藏品是由田中忠三郎历经多年收集而来（图 5-2-15）。衣服曾经的主人是生活在日本北部积雪地区的农民，他们将这些衣服代代相传。"襤褛"与现代消费文化形成了鲜明对比。此后，我们对古老破旧织物的看法也彻底改变了。现在，我们会主动寻找修补过的织物，织物本身以及设想它们与家居融合的方式都令我们非常兴奋。匈牙利产的厚亚麻马车盖布可以剪裁并缝制成羽绒被，法国产的亚麻擦碗布可以并缝成枕巾这种例子不胜枚举。

图 5-2-15　破旧的布艺

125

古品织物的魅力有一部分来自稀有性，晒一晒就褪色了，穿一穿就破旧了，很多材质的寿命比人生更短暂。因此，幸存下来的织物就显得尤为特别。织物能跨越阶层、地域和文化——任何人都要穿衣保暖，能提供一个洞察日常生活的神奇视角。有时候，最渺小的东西却最能唤起回忆，比如打着补丁、褪了色的工作服，上面的每一道褶皱都在诉说着艰辛与节俭。昔日的织物，从开始的编织到后续的缝制，很少是整齐划一的，这恰好制造出了一种微妙的不完美。而织物也会以一种美妙的方式渐渐老去：布片变得破碎了，颜色褪得柔和了，里面填充的东西——马鬃也好、羊毛毡也好——也都钻出来了。织物因此更加不完美，却也因此更加具有美感。

对织物而言，往往在生产阶段，体现历史的层次不完美就被视为一种品质。多层次的织品会制造出丰富而充满异域感的内涵，不管是挂着印度背包的衣帽架这种日常物品，还是一隅诱人的小憩之处。时间的流逝会在脆弱的织物上产生奇妙的效果，比如这些破旧的坐垫（图 5-2-16）。

图 5-2-16　布制的坐垫

古董家具有时会略显冷漠，经过随心所欲地修补后，豪华或高雅得让人不愿意触碰或使用，但是在萨塞克斯郡的安娜·菲利普斯（Anna Philips）家里摆放的一个纽扣沙发，有种非常亲和的气质，这很大程度上是由于沙发随心所欲的修补方式，破洞全都用大片补丁缝上了。毫无精致可言，也没有一点遮掩的意思，只有真实。

　　安娜这种轻松自在的风格与她对织物的选择有很大关系。比起熨烫平整的床单,她更喜欢洗过的亚麻制品,带着讨喜的褶皱,越洗越柔软(图5-2-17、图5-2-18)。颜色温和的单层亚麻窗帘(图5-2-19)、刺绣枕套、朴实的家具,全都彰显出她对于简单家用和手工制品的喜好。

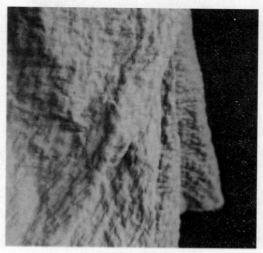

图 5-2-17　亚麻的褶皱

图 5-2-18　亚麻围巾

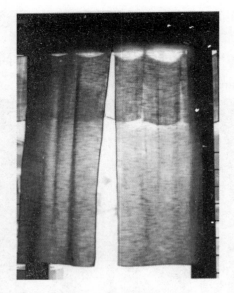

图 5-2-19　亚麻窗帘

　　"修修补补，得用且用"是战争年代的一句口号，但早在几个世纪以前，这种生活信条就已经存在了。当时因为布料太过珍贵，人们不忍心扔掉。不过在原有修修补补的基础上，我们还可以进一步发挥创意，把家里的织物再造成一个全新的物品，如图 5-2-20 所示，为破旧衣物编制的坐垫。

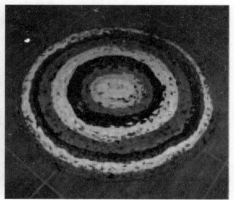

图 5-2-20　破旧衣物编织的坐垫

　　就算是最小的边角料如果达到一定数量，也可能变得很别致。例如，用旧莎丽服经过拼缝变成了灯罩，几个线球给本来毫无生气的楼梯间增添了鲜活，普通

128

的铁丝衣架缠上碎布条变得别具一格，磨旧的靛蓝色棉布改变了扶手的触感。阳光跳跃在明黄色墙壁上，会让卧室里的人一睁眼就兴奋不已。莎丽改制的灯罩增加了一分活力，却又被质朴的被单和枕套给调和了，枕套由印着条纹的匈牙利亚麻口袋改制。

　　木质乡村风长椅上，铺着黄麻纤维的布持，配上几个以加纳蔬菜染色法染出的靛蓝色菲垫，营造出一种柔和感。添用传统的防染色技术，织物会产生一种不均匀的美感——像夜空中闪烁的星群，每一件的细节都如此不同，却又被耀眼的深蓝色糅合在一起。拼缝是一种很容易使一堆碎布产生大作用的方法。几块碎布头拼在一起就和整张的桌布一样好看（图 5-2-21）。

图 5-2-21　碎布头拼接成的桌布

　　有些人喜欢床品熨烫、上浆后的那种笔挺效果，就是五星级酒店里床单的感觉。但是亚麻洗后的柔软——那种越洗越舒适的触感，褶皱比熨烫平整显得更有艺术气息的样子，对于喜欢让自己的家不太完美的人们来说才更有吸引力（图 5-2-22）。一定要把最多的钱花在每天都用的东西上。床品在这个清单上名列前茅，不仅因为它每天都能带给人们快乐，更因为它经久耐用，毛巾和洗碗布也是同理。只选白色，这样我们就永远也不必在搭配的问题上费心——想要给日用织物增添活力，只需一个能改变心情的鲜亮薄单、被子或靠垫。这里挂着加纳扎染的靛蓝色薄毯，参差不齐的挂法制造出不对称感。灰白色墙壁和自然色床单，使得挂在这里的任何东西都让人眼前一亮。

图 5-2-22　充满艺术感的亚麻床单

与织物相伴生活的乐趣之一，就是协调它们，让不同的重量、色彩、图案和质地，营造出和谐相融的感觉。像棉和麻这样的天然材质，用大自然微妙的有机色彩染制，放在一起总是很和谐（图 5-2-23）。

图 5-2-23　陈旧的棉麻布艺摆放

古董商凯瑟琳·波尔对法式织物格外喜欢，她的家里堆满了她搜罗的物品。实际上他们夫妇在这里只住了一两年，但看起来绝非如此，这个家就如同经历了几十年的演化一样。凯瑟琳说，她第一次来这里时，看到墙上的墙纸剥落，露出了底下斑斑点点的灰泥，那一瞬间她就被这个地方征服了。林林总总的织物，很多都是缝补过或磨损了的，给这个家带来了满满的"好好生活过"的感觉，温度、色彩、图案和质地，也一并得到了日常。瑕瑜互见的布料，破裂、圆润的材质给凯瑟琳家增欲不少，表面裹着布的盒子褪了色，和书本堆在一起，这间工作室兼展室是这张18世纪法式铁床的家，床的亚麻丝展现了岁月蹂躏的痕迹（图5-2-24）。

图 5-2-24　18 世纪法式铁床

莫里·威克利是一家家居店店主。从旧货服装店到跳蚤市场，再到房地产买卖，莫里·威克利的灵感来源于旧物翻新。这一点既体现在她在布鲁克林大西洋大道的科尔耶家居店（Collyer'sMansion）里，也体现在她的家中。这两处空间都充满了造型可爱、色彩缤纷的家具和印花图案，视角新颖，品位独到。

莫里在田纳西州长大，她的母亲是一名裁缝，经常为莫里缝制衣服，也为私人客户定制服饰。一边是长串的绗缝机，另一边则是缝纫好的窗帘、靠垫和床上用品，她的拼布手艺可谓与生俱来。纺织品也因此成为莫里最青睐的家居装饰物。

自然而然地，她发现在复古服装中，最有趣的部分便是印花图案和面料设计。她说："复古服装的色彩通常与众不同，值得玩味。"当她参观带有大量壁纸和装饰画的历史住宅时，她的创造力也被激发了。"装饰和创造房间的真正方式，往往在于出彩的用色和大胆的室内装饰。"她说，"我一直在想，如何将它活用一下，让自己的家既时尚又经典。"

莫里还是个收藏家，她的艺术墙上摆满了收藏品。她也总在添置新的作品，并为那些老作品找到不同的位置。简单地移动一下，就可以赋予它们新的意义（图 5-2-25）。

图 5-2-25　莫里的收藏品

　　莫里的公寓坐落在布鲁克林迪特马斯公园里的一栋古老的建筑里，古香古韵，魅力十足，虽居于角落，却坐拥诸多窗格，自然光线充足，这对纽约的房屋而言，实在是一种奢侈。这里的光线充足，她也常在家中为商店拍摄物品，她的家居物品也因此时常移动。"我家里那些摆在最上面的物品，例如枕头、艺术品、玩具和配饰，总是被搬来挪去。"她说。

　　为了确保摆放新物品时，依然保持家居空间的整体和谐，她从房间的格局着手，进而对家具和饰品的添置进行引导。她解释道："我创造了一种自己喜欢的家具布置方法，不仅最大化地利用了空间，也带来审美的愉悦感，并通过毯子、灯具和装饰性抱枕等物品，让空间更富有层次感。"随后，她可以简单地将小物件从一个房间移动到另一个房间，或者摆放新物件，让人眼前一亮，由此可见基调色的重要性。

　　这个公寓的墙面选用中性色（白色），艺术品、抱枕、纺织品和配件丰富了点缀色，为居室注入了新鲜感。这样的家居装饰处处可见，莫里却将之发挥到了极致，并向我们展示出如何在舒适区里打造出色彩斑斓而又与众不同、个性独特的家。

例如，她家的各色抱枕看起来并不新颖，却十分百搭。莫里对自己的品位和搭配风格很有信心，她不假思索地投入了所爱之物的怀抱，并在客厅悬挂五彩缤纷的画，将所有色彩融为一体。绿色是这幅画中最为突出的色彩，其他色彩并不抢眼（图5-2-26）。事实上，色彩不必完全匹配，只需搭配和谐。更重要的是，在设计或添置物品时，要着眼于整个房间，使其成为一个相互平衡的有机组合，就像莫里的房间一样。

图 5-2-26　客厅中各色抱枕和五彩缤纷的画

第三节　光照效果的应用

一、色彩与光线表现

想象我们在冬日的沙滩上漫步的感觉：柔美的苍沙色融合成更深的棕色，金色的赭黄色和温和的绿色也躺在沙丘里，而所有这些都与海洋的色彩、清澈的蓝天形成了鲜明对比。我们会看到，有一位穿着红色毛衣的人正沿着海岸行走，周围还有一栋镶着蓝色百叶窗的房屋。明亮的色彩在风景中跳跃，不显突兀，反而很有凝聚力，因为这一切出现在同一片光线下，又通过阴影和维度联系在一起。配色被巧妙地统一起来，这就是我们在勾勒画布、处理层次关系之前，首先要考虑房间光线的原因。

如果空间中的自然光线不足，就要想办法补光。建议在选择新的色彩或做出改变之前，首先迈出这一步；因为光线会影响其他一切因素，暗沉的空间充满挑战性，因为在此使用的色彩，让人一眼望去会觉得更加黯淡。一般来说，每个房间都应该拥有不同层次的照明。照明方式可分为三类：环境照明（例如灯）、局部照明（例如台灯、壁炉上方的灯等）和重点照明（补充环境照明，突出房间中的艺术品或其他细节）。

大多数家庭都装有顶灯，可考虑是否还需要增加其他照明。如果需要引入更多光源，可以在座位上方安装灯饰，这会让房间的氛围更为舒适。

有了光源之后，再考虑灯泡，如果我们喜欢的色彩在自然光下十分美妙，但夜间的灯光会让它变暗，可以换个亮一点的灯泡。

提到为暗沉的房间选择涂料色彩时，著名设计师艾米莉·亨德森提出了很好的建议。人人都爱白墙，但是在光线暗淡的地方，白墙会看起来很脏。在这种情况下，我们最好选择中间色调或略显刻意的灰色，而不是由于光线不足会显得发灰的白色，亚光涂料能均匀地反射光线，而亮光涂料会产生眩目。装饰提示：可增加反射光线的镜子使用白色的阴影部分帮助房间反射光线。

二、光线与建筑风格的相互关系

长久以来，建筑一直是人们谈论的永恒主题。建筑为人们提供了空间，让不同的人以不同的方式感受空间。正如一句谚语所说：一千个读者眼里有一千个哈姆雷特。设计指的是在有限的条件下进行自由的创作。在对一个空间进行规划时，设计人员无须放弃某些想法，这或许是另一种形式的释放。打造出一个出色的办公空间是设计师的初衷。显然，这里会让坐着的人都倍感兴奋。这是一个开放式办公空间，人们可以在自己喜欢的区域办公。这里也是一个兼具办公与休闲功能的空间。人们可以在这里阅读、思考，或是小憩、看看窗外美丽的风景（图 5-3-1）。

图 5-3-1　办公室自在的放松区

　　舒适室内设计会给人无比的幸福感，尤其在温暖惬意的午后，准备好休息的甜品，身边的植物也越发美丽，都在努力地生长。这时设计师的愿望与美好设想都成为了现实，设计让家变得更加舒适，更加温馨。这个过程就好像是用强大的信念去实现一个他们终日执着的梦想。这个构想怎么样呢？人们无不为之欢欣鼓舞。

　　一个即将孵化的鸡蛋象征着这个充满无限可能的年轻团队。设计师最终从 10 个破碎的鸡蛋中找到了一个破碎程度最具美感的鸡蛋，并以其为原型设计了这个办公空间。它不仅仅是一颗蛋，这间小巨蛋会议室内安装有智能系统，可以在任意时段通过苹果基站将苹果手机、笔记本电脑和电视以无线方式相互连接起来，保证通讯畅通有效、信息传输顺利进行。设计师、委托方、施工经理、承包商和供应商在此展开了有效沟通。智能电视、可控灯和由阿纳·雅各布森设计的水滴椅共同营造出一个神奇的办公空间。除此之外，人们还可以通过苹果手机和平板电脑操控智能系统，打开或关闭照明设施、调节亮度和色度，控制窗帘或音乐的开启和关闭（图 5-3-2）。

　　所有展示的布料放在会议室门口的一侧布料样品的展示区，设计师根据一定的规律将布料整齐地排列，整齐的布料形成一道特有的风景线，人们在参观时可以根据自己的喜好取下来进行观赏，感受布料的质感，映衬在镜子中的样品墙好似一道绚丽多彩的彩虹横跨整个办公空间。由亚米·海因设计的 Ro Chair 休闲扶手沙发椅更是为这个办公空间增色不少。在介绍布料样品时，设计师还会为客户

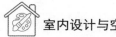

进行色彩测试及色彩心理分析。

图 5-3-2   以鸡蛋为原型的办公空间

瓷砖样品展示区更富趣味性：瓷砖上绘制有多立克柱式、爱奥尼亚柱式、科林斯柱式、托斯·卡柱式和组合柱式的图案。这些罗马柱的影响力遍布全球。独特的设计彰显设计工作室的设计和采购实力。总监办公室内设有木桌、柔软的沙发、扶手椅、靠垫和茶具，舒适温馨的氛围给人一种轻松愉快的感觉。能够坐在这里欣赏音乐或是与他人闲聊抑或是品一壶好茶都是一种美妙的享受。

第四节   传统工艺的应用

传统工艺诞生于人类对于客观物质的基本需求中，是传统工艺制作者对自然的物质材料进行最大程度发挥和加工的成果。在室内设计成为独立性的学科之前，传统工艺一直陪伴着工业设计和建筑设计的成长而成长。纵观各民族、各地区的传统工艺，在不同的时期和不同的地域，都有其独特的风格和文脉特征，传统工艺根据材料的差异，大致可以分为木作工艺、石作工艺、砖砌工艺、夯土工艺、编织工艺、裱糊工艺等。

一、木作工艺的新应用

传统木作工艺在当代室内设计中得以延续，被用于顶棚、隔断、铺地、裱糊等功能。例如，韩国骊州俱乐部中，几何形状的天花顶棚，是运用计算机技术控制木主体的结构形态的形成，在设计、制作、施工中配合结构的解析和检验，分析制作过程可能出现的问题和变因，最终完成（图 5-4-1）。作为室内空间的上限

136

构件，体现了技术的创新和传统工艺的延展，天花顶棚中六角形与三角形的复杂构造，采用榫卯的连接方式，利用钢材将屋顶与12根木质线条手束而成的柱子形体，使得天花形状展现力学的美，是整个空间呈现出活泼的建筑特性（图5-4-2）。又如中国的"八仙桌"将工艺与观念巧妙地联系在一起，正方形的桌子由标志性的榫卯——燕尾榫连接在一起，由使用者根据需求进行拼接，为传统的家具创造出新的面貌，榫卯是传统工艺的重要连接方式，榫卯的连接使得固定的家具产生无限的拼接，是对工艺和生活的探究，使得死板的家具充满活力。打破了传统家具的局面性，使得榫卯结构在现代生活中有了自由的空间（图5-4-3）。

图 5-4-1 韩国骊州俱乐部设计

图 5-4-2 充满力学美的韩国骊州俱乐部棚顶

137

图 5-4-3　八仙桌

二、石作工艺的新应用

　　传统的石作工艺在新的理念下呈现出丰富的艺术形态。石墙的透光性砌筑则是将传统的工艺与美学理念的结合。挪威奥斯陆 Mortensrud 教堂建筑位于南部，山地的地理位置较低（图 5-4-4）建筑采用玻璃、钢材、石块等建筑材料，为了体现自然与人工间微妙的平衡，将堆砌的形体坐落在矩形基座上，使建筑与自然环境融于一体。教堂采用裸露的钢架结构，将石块反复叠合砌筑置于钢架结构之中，幕墙上部分的封闭感与下部分的通透的通道产生光线对比，石块反复的叠合砌筑模糊了人工与自然的界限。双面墙高于填石铁架的隔板，使外部空间的光线穿过石墙到达室内，光线透过石块的缝隙，产生光影效果，通过格子窗般的光影效果，传达教堂设计中对光线的精神需求。这是石作砌筑工艺与美学观念的结合所产生的建筑艺术形式。

图 5-4-4　挪威奥斯陆 Mortensrud 教堂

三、砖砌工艺的新应用

　　砖砌工艺不仅局限于对传统的继承上，而是更倾向于技术手段的应用展现新的艺术效果。例如，作为墙体砌筑十字形孔洞与菱形孔洞所基于的砌筑方式就大为不同。当砖不作为支撑结构，而是作为幕墙使用时。所以托现在技术手段，可以砌筑透空的砖墙砌筑。日本建筑师 Waro Kishi 设计的京都 KIT 学生会大楼（图 5-4-5），采用的就是多孔砖砌筑，建筑使用砖与砖之间的错缝砌筑，使用钢筋和砖墙后钢筋相结合的焊接手法，用钢筋用过砖的孔洞接连起来，使砖砌筑具有稳定性的同时，也具有较大的孔洞通透性，幕墙的厚度仅只有一块砖的厚度，建筑外观不仅整洁美观，体现出完整的工艺，透空砌筑呈现的光影关系和半透明性的空间划分模式成为透空砌筑的一大亮点。透空砌筑的光影效果在室内空间的变化，使建筑使用者产生丰富的空间视觉享受。曲面砌筑（图 5-4-6）是现代砖砌墙面在计算机技术的数字构建下呈现新的艺术面貌，相对于简单的堆砌和透空砌筑，在数字构建中可以呈现三维的立体墙面。通过计算机技术的构建，模型的模拟和参数的调整，可以确定出砖块的连接方式，旋转角度和旋转位置，以及砖块的角度和最终成果都可以达到满意的形式和效果。在曲面砌筑时，需要外部构件以及模具的支撑。

图 5-4-5　日本京都 KIT 学生会大楼的镂空墙

图 5-4-6　曲面砌筑

四、夯土工艺的新应用

在现代室内设计施工体系中，夯土不再是传统的土生土长的形式，计算机技术的进步为夯土的建造方式提供了很大的空间，夯土在现代技术中可以得到定制，它利用计算机技术进行计算机生成，工厂制作，搬运，安装等，使得夯土更具有活动性。夯土的预制在计算技术的协助下，与现代工艺相结合，例如夯土与混凝土、框架的结合使夯土墙更加稳固，打破了夯土墙的局限性。夯土墙也可以进行曲面的定制，使空间设计得到了更大的发展空间，这种方式可以使得夯土墙作为建筑内部的隔墙更加方便（图 5-4-7）。在现代室内中，夯土技术的改良一方面使得室内空间隔音隔热性能加强；另一方面调节空气湿度，达到冬暖夏凉的空间效果。

图 5-4-7　曲面夯土墙

五、编织工艺的新应用

随着科学技术的不断发展，编织工艺在当代室内空间被赋予了全新的面貌。室内设计中，编织物装饰（图5-4-8）打破了硬装设计给空间带来的冰冷感受，而使空间色彩和趣味更加丰富。其中壁挂、地毯作为编织欣赏品的一种，在现代家居中，不仅可以起到防潮、隔音的作用，同时可以根据家居空间的设计理念，进行空间设计的软装搭配，编织工艺品可以进行手工编织，也可以通过电脑的设计使用机器编织，编织的形式更为丰富，形式更为多样，由传统的平面扩展为立体的软装或者家具编织。编织家具使得空间更加柔和，不仅可以调整家居的气氛，而且可以增添美的视觉享受，由于时代的进步，和美学理念的发展，编织图案更为大胆，色彩更加丰富，线条流畅，且做工更为精细，编织家居也得到了新的应用，用传统的筐、箱、席等扩展为编织沙发、编织座椅，以及应用于墙壁、隔断当中。

图 5-4-8 编织物装饰

六、裱糊工艺的新应用

传统的裱糊工艺在现代室内空间中赋予了新的个性观念。报纸作为新的裱糊材料在室内设计中可用于墙壁，在室内空间氛围的营造上，与室内设计主题相结合彰显独特的个性，并呈现现代美感（图5-4-9）。

图 5-4-9　报纸裱糊

　　传统工艺，在不同的民族、不同的时期、不同的地域呈现出独特的风格和文脉传承，在今天，由于科学技术的不断发展，新的艺术理念的成熟，新材料的诞生，传统工艺也在不断发展和成长，人们对传统工艺的日益重视，使传统工艺将不断地进行丰富和延展，对传统工艺探究和深入学习也是当代设计师的首要任务，需要设计师和时代的共同进步。

第六章 室内设计的案例分析

在世界各地都有许多各具特色的室内设计的案例，本章聚焦几地具有特色的室内设计案例，进行分析讲解。第一节主要讲述的是各地公寓的室内设计方案，第二节是办公室场所的室内设计。通过不同的功能场所进行室内设计案例展示。

第一节 公寓室内设计研究

一、高空间利用率的香港室内设计案例

（一）香港幸福谷公寓

香港幸福谷公寓是音乐人马克·吕刚的公寓住所，这是一座翻新后的公寓，虽然作为音乐人的马克·吕刚有许多键盘、吉他等乐器，音乐人需要在杂乱的环境整理出适合自己工作的场所。在设计之前，这个公寓的翻修工作会让人觉得是件困难的事情。看着这个公寓自然、随性的设计草图，你会觉得非常惊讶，因为这公寓的主人仅仅凭借决心和毅力，在没有向任何一个专业人士请教的前提下，能将他的作品完成得如此完美。

一个专业的音乐人以不仅限于空谈的生活而一手重建的自己的公寓。这个刚翻新的家，却成了他隐居和休息的场所。它代表着在音乐界的一种新理念。在这，他认为一个音乐家的居所应该是宁静而平和的，这也正好说明了这座公寓的内在精神。即使在拥挤的香港，音乐人还是找到了自己的创作空间，室内设计的意义便凸显了出来。

艰苦的工作终于结束了，完成的作品充分展示了在设计方面的高度技巧。有经验的人很容易就能看出翻新过的地方。与普通的开放式设计不同的是，这座公寓被隔成几个房间，与中心的环形走廊相连接。这样一来，186平方米的室内面积被分成一系列的封闭空间，每一个都代表着不同的心情和个性。这个空间体现

了醇熟的设计水平。有经验的人很容易就能看出翻新过的地方。

（二）香港九龙塘公寓

在香港的公寓中，一般都是较为明快的设计风格，很少有人选择用纯黑色装修自己的公寓，黑色给人沉闷压抑的感觉，而不是轻松明快的氛围，但是当设计者将黑色置于整体的设计中，黑色也可以不那么沉闷，甚至会辅助其他设计元素，更加明快，同时设计也会更加独特。

房主查理斯·赵和雷恩堡·方夫妇两人在电视公司做行政工作。对于他们来说，将黑色作为他们位于九龙塘的 149 平方米的公寓的主色调是最佳的选择。公寓电子门的外面就是一块宁静的绿地，这个电子门是玻璃的，外框是黑色的。拉开这扇门，映入眼帘的是几种颜色和几块毛绒绒的地毯。

这间公寓已经有四十年的房龄，室内的地板只是很简单的长方形的三等品。"老房子有新房所不具备的某种魅力，"赵说。房子原来的主人基本没有动过这间公寓，让它保留了原有的状态。

从入口进来会有不同的功能区，这些区域是以颜色来进行区分的，开始的黑色是厨房和书房，然后是灰色的客厅和餐厅，最后是白色的主卧室。承重墙不允许他们完全把室内打通，所以才造就了这样有趣的格局。

在香港这座高速运转的城市中，这个由特立独行的"自动化工程师"詹姆斯·刘设计的漂亮的新家运用艺术的技巧将人类的规则和它的空间结合到了一起。生活在一个全自动的房间里通常是在展览的陈列窗中或者杂志中才会出现的模型，在这样的屋子里，墙会自动消失，门会"芝麻开门"，灯也不用开关。对于身兼建筑师和"控制设计师"二职于一身的詹姆斯·刘来说，这些都可以变成真的，而且在他位于九龙塘的新公寓中已经开始付诸实践了。这个圆形的沙发是数码之家的总部。在这里，人们只需要动动手指便可以控制公寓中的每个功能。这个由用户定制的沙发不仅使用起来非常舒服，而且是一个高科技的载体。

作为在香港总部的设计师，刘的任务是要进一步理解"自动化"；在这个过程中他看见了一个设计和技术上的平衡点，虽然传统的建筑只是空间上的处理。这个公寓成了第一个他自己的家，这让他有了一个绝佳的机会来尝试一些设计外观上的想法，这些都是他长久以来一直想向他的客户推荐的。使家庭办公室生动起来的一切。

（三）香港南岛公寓

香港的房屋的建造年龄普遍都很老了，但是即使是建造了三四十年的房屋，也可以重新焕发新的活力与生机，它们也在跟随现代人的审美，做出改变，迎合现代人的生活方式。香港岛南部以其繁茂的植被，开阔的视野以及徐徐的海风而著名。这些特质无疑吸引了凯瑟琳·马和杰森·杨，当时他们正在寻找一间明亮的，带有 20 世纪 70 年代建筑风格的，能看到海洋公园的公寓。这个三层公寓位于一个建筑物的顶层，从它内部简单干净的几何构型，宽敞的窗户和 6.1 米的层高就可以知道这间 186 平方米的公寓的房龄已经不低了。

夫妻二人都是建筑师，他们很自然地把自己的精力、才干都用在对自己私人公寓内部的设计上。由于这次的顾客不是别人，而是他们自己，他们尝试性地将门设计得非常开放。这种设计非常完美，这也证明了他们在探索新设计，并且将它运用在现实中的能力。

（四）香港中环公寓

香港虽然是一座工业城市，但随着现代化的不断发展，城市化进程的不断完善，我们需要改变对香港这座城市的原有印象，中环是香港最为繁华的区域，金融大厦十分密集，对于这个区域的公寓，我们需要将公寓的舒适柔软与精英的气质相融合，做出完美的设计。许多业主在委托别人为自己设计房子的时候都特别想让自己的家与众不同，独一无二。但是很少有人真正地有这个勇气让自己的房子标新立异。肯·萨伏决定不受设计师的影响，并且和建筑师肯特·吕一起，摒弃了以前在其他地方见过的设计，以追求原创。

他的这间 242 平方米的公寓位于中环地区，整个工程的设计和建造共花费了6 个月的时间（图 6-1-1）。萨伏的工作日程非常繁忙，并且总是不停地奔走在世界各地，所以他经常住在宾馆里。这让他理解了"当所有东西都在适当的位置上的时候，在这生活是件多么舒服的事"。当说服他的时候，他说这样的设计是现代的、纽约风格的，并且"首先，是特别方便的"。

它的意思是，没有哪个地方是应该专门供展示所用的；人们首先考虑的应该是便利性、易于使用性和功能性。相比之下，这间公寓无疑是硬朗线条的都市风格。如果行业风格可以重新界定，那么，可能它就会是一流的设计作品。

图 6-1-1　香港中环的公寓设计

（五）香港西九龙公寓

香港的房屋普遍比较小，房价也较为昂贵。因此空间的布局更需要合理安排，体积较大、价值贵重的物品，摆在屋内，很明显便可成为室内的中心聚焦点（图6-1-2）。

房子的主人叫安德鲁·李，他是一名在中国香港大学建筑系里教授并执行研究项目的副教授。他说，"这是主要功能性建筑中的一个"，"这座公寓的面积大概是 72 平方米，把东西挤进这样的一个公寓里并不是一件容易的事，然而最终我们还是做到了，只不过把东西的位置改变了。"

李搬进了这座高层公寓，它位于刚刚被发展成为经济区的西九龙。他住进的这个单元完全是新的，所以还没有经过装修。与买一个二手房相比，他宁愿自己来装修房子。看到港口的时候，人们不禁会感到惊讶。西九龙港形成了窗前一道很生动的风景，有各色满载的货船从那里经过。

为了重新设计这个公寓，李找来了他的老朋友和设计师文森·林，他的公司维特建筑总部在新加坡。从远处给一个公寓进行设计听起来是一件让人头疼的事，然而，李也得到了执行策略公司的毕业于香港大学的安格·隆·卫的帮助，他是这个工程的承建商，负责搜集整个工程需要的材料。

图 6-1-2 香港公寓书房设计

二、低空间利用率的其他国家室内设计案例

（一）澳大利亚公寓设计

1.澳大利亚东悉尼公寓

澳大利亚东悉尼公寓是旧楼经过改造后的公寓，又原来的破旧写字楼变身为现代的阁楼式公寓，极具简约大气的设计理念，让观赏者难以想象到它的前身是怎样的。十多年以前，房地产商人菲利普·沃兰斯基买下了两栋位于悉尼威廉姆街上的空仓库／办公室。随后计划将它们改建成宾馆。然而等了很长的时间，这个工程也没能启动。

现在，这两座楼被改建成为一个带有单独公寓楼的宾馆。从这可以看到外面海港的全景和城市上空的一整片蓝天。由于附近有高速地铁，并且近期的城市发展计划都在这一地点附近，所以该公寓可以说是处于黄金地段。

总部在悉尼的贝克·卡瓦纳建筑公司的设计师约翰，贝克也参加设计了此项工程。据贝克所说，在20世纪的二三十年代，办公楼屋顶有一个门卫室是很平常

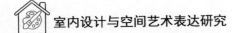

的。在这看到的城市全景和港口，包括悉尼港大桥，在别处是看不到的。在把屋顶的房间作为阁楼，而不是一间宾馆的客房方面，宾馆的主人和设计师想到了一起。无疑，这成了一处综合区。为了让冰冷粗糙的花岗岩看起来更加柔和，设计师特意在休息室安放了一个燃气壁炉，在卧室、书房、客厅和餐厅里放了几块纯羊毛丝绒地毯。

2. 澳大利亚斯特灵公寓

澳大利亚的斯特灵公寓位于墨尔本内城郊区中心位置，斯特灵公寓充分运用了亚洲元素，同时设计风格为仓储式的公寓，非常符合现代年轻人的喜好。

六年以前麦克米尔·波恩和马丁·皮高克第一次来到了位于墨尔本的六度公寓。他们毋庸置疑地喜欢上了出现在他们眼前的这座公寓。当夫妻二人决定往这个城市搬家的时候，他们在房产市场里寻找带有"六度"标志的房子。当发现了这个四年房龄的由仓库改成的公寓时，他们相信这就是他们的家。

为了达到现在的这种状态，这个公寓中的工程分两个阶段进行。根据塞蒙·奥布莱恩所说，房子原来的主人叫鲁伯特·雷德，他是澳大利亚很有名的电视剧"蓝色斗鸡"的演员。他还说，"鲁伯特把这房子当成是隐居之所"。有了相对自由的设计理念，奥布莱恩把它变成了一个单身公寓。

然后，在2003年，当这夫妻俩检查房子的时候，对于原有格局的延承，他们表示非常喜欢：西柏梁、倾斜的屋顶、雪白的墙壁以及现代的日式风格。当马丁确信这就是他们想买的房子，这笔交易就成功了。买下房子以后，他们很自然地让奥布莱恩将房子作了调整以适应自己的需要。

整体空间设计仿佛置身于绿洲之中，设计与物品摆设融合得恰到好处，绿植的设计让人在这个空间中，可以充分感受到安逸舒适的氛围，在面临一天高强度工作之后，回到家中便可以充分放松下来，舒缓紧张的情绪。

（二）菲律宾公寓设计

1. 菲律宾奎松城公寓

一座公寓通常是设计师的想法和在它建筑的过程中所出现的情况所结合的产物。这个位于奎松城的城市公寓将理想和现实很好地结合在了一起。

既是设计师也是建筑师的乔伊·雨庞克把这项工程形容为拥有一段"不同寻常的历史"并且富有挑战性的工程：它是在一块形状不规则的土地上的一颗珍宝，上面是一个村庄的山地，门前正好有一条小路与它相连。当然，这里却是有它的优势——从后面可以看见大都市马尼拉的全景。

从厨房出来，您可以通过一段楼梯直到地下室，这楼梯简直太棒了——它蜿蜒的造型让人走在上面的时候会高兴得跳起舞来。

2. 菲律宾马加提城公寓

菲律宾的马加提城公寓是一个让人十分轻松愉悦的公寓，在这里大家可以广泛结识志趣相投的好友，公寓像极了家庭式公寓，大家可以在这个公寓喝酒聊天，工作也变得有趣了起来。

爬上米奥·法瑞尔的公寓可不是一件容易的事。没有电梯简直是件不可思议的事，然而这就是这座公寓的特点——没有任何缀饰。位于马加提城的一个陈旧古老的地区的一座四层高、没有电梯、被混合使用的建筑物里（里面有建筑设计工作室和年轻人的家），这座公寓距离该国家的主要经济商业区仅有半公里远。然而它们之间的不同非常明显：在与它邻近的金属顶的建筑物上，人们可以很容易地认出这座城市高大的由玻璃和钢铁所建成的建筑物。虽然周围的环境很复杂，米奥的公寓却是非常都市化的。

五年前它被重新使用，在那之前，这个双层、双卧、130 平方米的公寓里面是几个拥挤的小房间和隔断，这当然不太适合给人们提供舒适的居住环境。在做这项工程时，所有的内墙和隔断都被拆了，而外面的一部分也被拆了下来，目的是想装进更大的窗户。很低的天花板也被拆了，露出了各种排水和通信管道。所有的这些都被喷上了白漆。在一个月的改建和三个月的翻新之后，米奥搬了进来。短短一年的时间，这间公寓对一个人来说好像有点太大了，所以他自己设计，把自己的广告办公室马尼拉搬到了一楼，公寓中的气氛是如此的随意，米奥经常在厨房里为他的客户烹制一些意大利的美食，而无须带他们去那些花哨的餐厅吃饭。

（三）新加坡公寓设计

1. 新加坡中心 SOHO 公寓

新加坡中心的 SOHO 公寓位于新加坡某条河流的旁边，湖畔公寓为公寓增添了许多宁静的质感，这个公寓本身是为音乐家所设计的公寓，因此可以在公寓内放上一架典雅的钢琴，楼梯为木头材质，这样的公寓设计在新加坡这座现代化城市中，十分让人向往（图 6-1-3）。这个样板间里最让人兴奋的一个设计就是从餐厅向客厅的过渡，这样的设计让整个空间突然宽敞起来。达到这样的效果不仅是采用了天花板高度差的手法，而且还利用了色差的手法。

图 6-1-3　新加坡某 SOHO 样板间设计图

在中心 SOHO 的第二件样板间里，虚构出的"顾客"是一个移民来的音乐家，可能是新加坡交响乐团的音乐家。他希望住处的附近有一条河和艺术展厅。"这个样板间的感觉非常不同"，远东组织项目发展部的副设计师崇庆华说，"我们设想生活在这里的是一个年轻而有活力的音乐家，他在创造音乐方面非常富有创造力。他演奏，出售自己的作品，并且会把他的顾客带到这来听他独唱"。

那儿的室内设计像个标志一样，使这个项目声名大噪。在这种情况下，正如 MT.i 设计的敏克·谭说的那样，"我们做的第一件事就是买了一架气派的钢琴。我们其实在它的周围进行了设计。但我们把它买回来才发现，它太大了以至于让整个客厅都生机勃勃。它太棒了"！

2. 新加坡荷兰村公寓

新加坡的荷兰村公寓也同样是十分惬意的公寓，新加坡的公寓大多数都是十分自在的设计，与都市的远近与乡村的距离，建筑物的多少都不能成为他们衡量城市状况的标准。这些业主证实做一个都市人是和我们所作的决定有关的事情。

虽然沿着嘈杂的小路，但位于新加坡西部的自成一体的荷兰村已经成为移民家庭和年轻的小资阶层夫妇最喜欢的公寓。位于山坡的顶部，在那有很多的酒吧和小吃店。这里的公寓位置在荷兰村旁边的楼群里。他的主人，布特勒一家，是一对移民来的夫妇。他们已经在新加坡住了 10 年了。虽然习惯于宽敞的公共空间和高大的房屋，他们还是决定"入乡随俗"，并且搬进了一个公共的有三间卧房的公寓。

不想改变原来的自我专权和舒适感，布特勒一家进行了一次集中的翻新。室内设计师 S.K. 尤的理念是非常明显的：他想设计一座与周围公寓相隔绝的房子，一个向他们的其他作品一样有个性的空间，但是要将他们棘手的工作先放在一边。尤曾经提出一个建议，想把这设计成一个开放式的区域作为作品的展厅，并且在主卧室也有相似的空间。

这个公寓所创造出的安逸正是这两大忙人所需要的。这为我们提供了更大的选择空间，让我们作出更适合自己的都市化选择。

第二节　办公场所室内设计研究

一、开放式办公室设计案例

（一）Analog Folk 广告公司的办公室设计

Design Haus Liberty（自由设计屋）建筑事务所负责对 Analog Folk（模拟人）广告公司的办公室进行扩建。这家广告公司位于东伦敦的一个创意园区内，地理位置优越，为这家快速发展的公司带来了极佳的发展机遇。办公室的扩建部分包括新的接待区、开放式酒吧、大型会议室和开放式办公区。该项目的主要概念是通过照明设施在结构上将扩建部分与周围环境联系起来。扩建部分最深处安装有磨砂玻璃隔墙，隔墙上的公司标识整夜发光，可以吸引人们的注意，对公司品牌进行宣传（图 6-2-1、图 6-2-2、图 6-2-3）。

图 6-2-1　Analog Folk 广告公司伦敦办公室（一）

图 6-2-2 Analog Folk 广告公司伦敦办公室（二）

图 6-2-3 Analog Folk 广告公司伦敦会议室

　　Analog Folk 广告公司希望借助 Design Haus Liberty 建筑事务所的设计将公司风貌更好地呈现在客户面前。Analog Folk 广告公司的目标是打造一家可以获取人们接收信息的传统方式的广告公司，同时也是一家使用新型数字信息技术的广告公司。建筑事务所的设计师明确了本次设计的目标，使用再生材料对 Analog Folk 广告公司的办公室进行设计。定制项目包括一个用脚手架搭建而成的大型书架，书架后面是一个隐蔽的电话间。建筑事务所的设计师运用数字信息技术，如脚本语言和 3D 计算机程序，将旧玻璃瓶组合在一起，设计出一盏极具创意的吊灯。

事实上，家具设施也可以在一定程度上展现公司的风貌。Analog Folk 广告公司是一家使用数字信息技术的互动广告公司。设计师将旧家具改造成外形独特的办公设施，新的照明装置使用简单的电线和灯具制成一运用数字信息技术打造一个更为有效的办公空间。该项目就如何用传统材料改造广告公司未来的办公环境进行了一次全新的尝试。

英国伦敦传媒公司（AEI）委托设计公司对其于 2014 年秋购买的办公空间进行设计。这是一项重大举措，AEI 传媒公司希望设计公司可以为其打造出一个可以展现公司个性和需求的办公室办公室间原有的装修风格非常传统，首先映入眼帘的是几间独立的办公室、低垂的天花板和走廊上的临时厨房。这种办公空间无法满足现代媒体公司的需求，因此，AEI 传媒公司决定放弃原有的空间格局，聘请设计公司设计一个现代风格的办公空间。

设计师打开整体空间，创设出可以满足工作、会面、社交等需要的办公区；没有对混凝土天花板进行任何装饰，而是将重心放在提升室内温度和空间质感上，部分地面采用再生材料制成的木板铺设而成，增加整体空间的色彩，提高非办公区的采光质量。现代家居风格的厨房咖啡间将成为一个非正式的会议和社交空间。设计师设计了一个隐蔽而舒适的空间，其中还包括一扇通往混音录音室的暗门，可供音乐节目主持人进出使用。新的办公空间充满趣味、富有创意，可以很好地满足公司的业务需求和员工需求。

（二）VIGOSS 纺织公司办公室设计

VIGOSS（维戈斯）纺织公司办公室是一间专门为年轻而充满活力的市场经理打造的办公室。纺织公司的总部大楼是一个工业办公大楼，而这间办公室却被设计成一个舒适温馨、充满活力的办公空间（图 6-2-4）。办公室内铺设有烟熏橡木地板，并配备有贴黄铜涂层家具和彩色绒面的沙发（图 6-2-5）。办公室位于一座旧建筑内，整个空间以充满古朴自然味道的灰色为主色调。办公室内放置有红色、蓝色和黄色的沙发。这些暖色使得人们走进这间 33 平方米的小型办公室时，首先映入眼帘的是精致细腻的质感和光影交错的景象（图 6-2-6）。设计师带着他们对爵士乐的热情投入到琐碎的日常工作中。每个墙面都设计有特别的装饰性元素（图 6-2-7、图 6-2-8、图 6-2-9）。会议室内放置有精心挑选和制作出来的家具，人们可以在这里开会或是洽谈业务，也可以倚靠在由家具设计师塞尔吉奥设计的阿斯帕斯扶手椅上休息。设计师还在办公室旁为小型支持团队布置了一个工作区，并配置了干净简洁的办公桌和特色办公椅。精心设计后的办公空间实现了功能性与舒适度的完美结合。主体空间的设计不仅体现了 1 ：1 建筑工作室的影响力和美学主张，还体现出工作室意图赋予老式项目强烈工业现代感的设计理念。巴西利亚拥有众多优秀的建筑和设计遗产；因此，1 ：1 建筑工作室决定推出一些项目的举措深受广大客户欢迎。

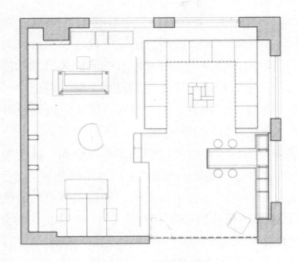

图 6-2-4　布的原材料

图 6-2-5　VIGOSS 纺织公司办公室（一）

图 6-2-6　vigoss 纺织公司（二）

图 6-2-7　vigoss 纺织公司（三）

图 6-2-8　VIGOSS 纺织公司（四）

图 6-2-9　VIGOSS 纺织公司（五）

（三）Altimira 培训学校办公室设计

这是西班牙创意设计工作室 Masquespacio 近期为 Altimira 培训学校打造的项目。Altimira 培训学校位于巴塞罗那的 Cerdanyola del Valles（塞丹约拉·德尔·瓦勒）镇，Masquespacio 设计工作室为 Altimira 培训学校进行了全新的品牌形象设计，并对学校内部空间进行了改造（图 6-2-10—图 6-2-12）。为了庆祝 Altimia 培训学校建校 15 周年，培训学校的所有者，劳拉、莫妮卡姐妹联系了 Masquespacio 设计工作室对培训学校的品牌和内部空间进行重新设计。Altimira 培训学校的目标人群为儿童、青少年和年轻人。该项目始于 2014 年夏，Masquespacio 设计工作室首先对培训学校的品牌进行重新设计。随后，Masquespacio 设计工作室将工作重点放在培训学校内部空间的改造上，旨在为培训学校的老师打造一处更有创意的空间，为他们提供更好的办公环境。该项目的设计灵感源于通过学习"构建"自我，而且培训学校还可以为儿童、青少年和年轻人提供专业化课程，帮助他们完成学业目标、顺利通过学业考试。考虑到培训学校的学生处在不同的年龄段，Masquespacio 设计工作室用明亮欢快又不失稳重的色彩和材料打造了一个能够吸引儿童、青少年和二十多岁年轻人的学习环境。

图 6-2-10　Altimira 办公室（一）

图 6-2-11　Altimira 办公室（二）

图 6-2-12　Altimira 办公室（三）

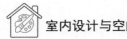

空间内部的家具和隔墙多采用胶合板设计而成，其目的是让更多的自然光线照进室内，同时解决了教室的隔音问题。胶合板隔墙的高度来达到天花板的高度，且安装有木板制成的滑动门，控制上滑动门并不会阻挡走廊的光线照进室内。除自习区外，Masquespacio设计工作室还为培训学校增设了可为学生提供一对一课程的"面对面"教学空间。在接手多个国际项目之后，Masquespacio设计工作室将其在巴塞罗那的第一个项目添加到工作室的代表作选集中。事实上，这家西班牙创意设计工作室一直致力于全球品牌项目的设计，不久便会推出他们的第一套办公家具系列产品。

（四）Proekt设计机构办公室设计

Proekt（项目）设计机构的老板希望打造一个足以让客户感到惊喜的公寓式办公空间的同时，为员工提供一个舒适的办公环境。设计师总结了几个体现项目特点的关键词——与众不同、异乎寻常和引人注目。当然，它也是一个舒适实用的办公空间：设计师不仅设计并制作出方便人们交流的椭圆形办公桌（图6-2-13），还将吸声材料运用到办公空间的设计中。他们设计并制作了粉色的物品摆放架和可移动办公桌、极具特色的楼梯间（图6-2-14），而这些不同寻常的现代设计元素与古式装潢风格形成鲜明的对比。办公空间内还安装有19世纪法式风格的壁炉、镜子和把手。该项目对设计团队来说是一个不小的挑战——最重要的环节是实现大量要素与和谐办公空间的完美结合。

图6-2-13　Proekt设计机构办公空间

图 6-2-14　Proekt 设计机构办公空间楼梯设计

（五）瑞士旅游集团英国公司办公室设计

事实上，将不同质地和风格的材料融入到设计中，瑞士旅业集团英国公司提出了一种全新的理念，其品牌也在欧洲范围内得到成功推广。在此之后，瑞士旅业集团英国公司决定委托 Dreimeta（德雷梅塔）设计工作室对公司理念进行深入解读，将设计理念推向一个新高度。

设计师意图营造一种悠闲的空间氛围。通常情况下，客户们会在店内停留数个小时，因此，设计师希望为他们提供一种并非只发生在单一地点的多层面咨询体验。例如，当咨询顾问正在查询航班或是拨打电话时，客户们可以到酒吧喝上一杯香槟或是翻阅各类旅行资料，提升此次旅行的期待值。先前被作为灵感区使用的休息区在整个空间内呈扇形铺展开来。这是一个富有层次的空间，沙发和放置有多种摆件的桌面可供咨询使用。人们可以在休息区、传统咨询区甚至是酒吧内咨询相关事宜。

除了别出心裁的空间概念之外，"世界之窗"是店内的另一关键元素。"世界之窗"由多个展示世界地图的宽屏幕组成，这些屏幕可以向客户们介绍旅行目的地的各类信息。看过图片和影像资料之后，客户们可以在网上关注目的地的即时动态，了解当地的实际气温、时间和天气等信息。材料选用方面，不同质地和外观的材料依旧是空间的核心焦点。客户的旅行预订情况和员工的积极反馈便是设计师成功的具体体现。在开店后的几天内，瑞士旅业集团纽卡斯尔办公室便签下了大量订单，这标志着该项目在设计理念上获得了成功。员工们已经接受了这个新概念，并开始在咨询环节中使用书架上的旅游画册等材料为客户介绍旅行项目。如今，这一新概念已被应用到几家新开设旗舰店的店面设计中。

二、标志性办公室设计案例

（一）娱乐公司办公室设计

Soul Movie（灵魂电影）娱乐公司是一家提供视听产品后期制作服务的公司。该公司的品牌标识带有明显的城市印记，其设计灵感来源于人们熟知的伦敦地铁符号。事实上，设计出具有鲜明特征的品牌标识仅仅是一个开始，设计师希望通过对错综复杂的地铁线路进行探究，打造一个能够解读城市地铁创新理念的空间。初到一个陌生的大城市时，人们会对城市入口产生特殊的感受，他们对这个城市的印象也就此开始。在对该项目进行设计时，设计师意图再现这种体验：带有公司品牌标识的拉门缓缓开启，将来访者带入一个特定的情感意境中。走进这个空间时，来访者的眼睛立刻被一个不明物体吸引：一个红色的多面结构，这里安装有 Soul Movie 娱乐公司的核心设备是最为强大的创新调色系统 Da Vinci Resoke（达芬奇推理）。多条象征着地铁线路的灯光带从这里延伸至别处，与充满自然气息的办公环境产生强烈碰撞。

（二）STOP 工作室设计

SPOT（运动）工作室位于全最广场的多功能建筑群内，是拉脱维亚第一家现代的专业摄影工作室。该项目的设计理念是借助多种元素将内部空间与工作室的品牌概念联系起来，灯光便是其中一项重要的元素。由于工作室无法直接获取自然光源，因此，设计师为工作室安装了多种不同类型的照明设施，如聚光灯、管灯、灯串和日光灯泡。从而达到光线流动的动态效果。在进行室内装饰设计时，设计师采用了多种并不常见但却可以产生鲜明对比的饰面：纹理与表面粗糙的混凝土。轻型塑料与重金属、透明玻璃与厚乙烯橡胶、合成箔片反射镜与天然木材。设计师必须认真考虑装饰材料和家具的选择问题，因为工作室的各个空间均要具备实用性和移动性，以便根据具体需求改变空间布局。室内主色调选用的是与灯光颜色十分相似的白色，并用糖粉色和金属黄色提高空间亮度，营造出明亮整洁的氛围。岩石白、乳白色和亮白色反射出多种不同的色调，为人们提供了一个清新明快的现代化办公空间。

MVN 建筑师事务所的设计师设计了一间带有圆形玻璃房间的办公室，其设计理念来源于荷兰全球人寿保险集团的本质价值。办公室设计以人为核心，与无法预知的时间形成对比，有着一定的确定性、透明度和可靠性。环境总是处于不断的变化之中，荷兰全球人寿保险集团金新的品牌形象在不同的空间内均有体现。应对变化的最佳方式是采用低摩棉的完美外形。"消除不确定性"的概念也被应用到该项目的设计中。"消除不确定性"的概念是该项目的核心。会议室位于一个封闭的遗明玻璃圆柱体内，在会议室外办公的员工也可以看到会议室内的景象，这种设计方式可以增进人们之间的信任，营造出一种轻松的氛围。如果有必要的话，设计师希望安装移动窗帘，以确保员工的隐私权得到保护。室内办公室的独特设计理念可以帮助人们对荷兰全球人寿保险集团的品牌有一个清楚的认识。三间尺寸不一的会议室可以满足不同的会议需求。

办公室装修所用的材料有助于提升荷兰全球人寿保险集团的品牌形象，使其有别于其他的办公室风格。为了给学员们营造一个良好的培训氛围，HIGH5 服装设计培训部决定委托 mode：linaar chitekci 建筑工作室在其位于华沙的新总部内打造一个独特的培训空间。

设计师更喜欢培训中心的特色标识。墙面、地板和天花板上点缀有特色装饰线条，这种设处理方式增加了室内空间的动态感。设计师采用了极简主义的设计风格，力求找到在每个细节上都堪称完美的材料。设计的关键是在各个空间之间留出便于活动的空间。墙面上简单易懂的符号对整个空间的极简主义设计理念进行了补充。设计师的任务是设计一个可以彰显品牌内涵的特色培训中心，将特色装饰线条融入 HIGH5 标识的设计中（图 6-2-15、图 6-2-16、图 6-2-17）。

图 6-2-15　简约现代化办公室设计

图 6-2-16　简约风格会议培训办公室

图 6-2-17　HIGH 5 某工作室会议室设计图

（三）Pixel 公司办公室设计

Pixel（像素）公司委托菲尼克斯·沃夫在布里斯托的创意区为其打造新的办公空间。Pixel 公司原先驻扎在一座 20 世纪 80 年代的办公大楼内，现已买下前油漆厂区内的一块特色地产。该项目的核心目标是为 Pixel 公司及其员工打造一个既可振奋人心，又能彰显公司在电商领域地位和蓬勃发展势头的办公空间。终极目标是给人一种眼前一亮的感觉，同时还要体现出 Pixel 公司的高品质产品和高品质服务。Pixel 公司拒绝接受传统的办公室布局形式，而是支持更为大胆的设计方案，这也映射出，这家公司正在面向未来持续的业务增长不断调整自身发展姿态的种种举措。在这样一个充满挑战的产业内工作，需要一定程度的"创造性思维"。有了创新的设计和制造工艺，才能打造出一个真正灵活的定制空间。设计师在这个项目中，试图打造一个属于他们自己的"小屋"，他们可以在这个温馨的办公空间内开展设计工作。

设计师试图对费罗尔一个 18 世纪建筑内的底层空间进行翻修。这是一个占地约 82 平方米的狭长空间，每天需要获得几个小时的光照。为了做到这一点，设计师设计了一个"颠倒的船龙骨结构"。设计师可以在这个白色的空间内完成自己的工作。由于龙骨无法延伸到建筑的正面，因此。设计师修设了一间用来接待客户和欣赏小屋的会客室。设计师将人类在自然界中的主要庇护场所融入该项目的设计中，在小屋旁边的墙面上设置一个用白色塑料杯制成的树形雕塑。随着时间的推移，人类的庇护所从树木变成了小屋，这便是设计师想要表现的设计思想。

整个办公室（墙壁和天花板）被喷成深灰色，与白色的地板和小屋的中密度纤维板表面形成鲜明的对比。LED 间接照明灯饰使原本黑暗的空间变成了一个温暖明亮的办公场所。所有结构均采用覆有 19 毫米 × 150 毫米的白色中密度纤维板条和 70 毫米 × 100 毫米的红松木制成，并采用了干接缝拼接的方式，这与美国的"轻捷骨架结构"十分相似。

当人们走出小屋时，便可以看到休息区内的小型厨房和储物架。这里的墙面加覆有一层保暖材料 16 毫米的 OSB 板，与深灰色的墙壁和天花板形成鲜明的对比。所有接线均被设计师藏在了小屋的后面。

该项目位于名古屋市郊，靠近地铁的最后一站，面向一条重要主干道。周边地区正在着手开发一个大型项目，未来几年内，这里将发生翻天覆地的变化。该项目将落实以下几项内容：打造一个新空间。它将在公司的未来发展中扮演重要角色：鼓励公司员工积极沟通：探索木质结构的可能性。施工方案需要考虑以下几个因素：第一，木质梁柱，代替主墙体的 30 根木质梁柱灵活地分布于整体空间内，成功地摆脱了对承重墙的依赖。第二，平板结构，用高低错落的平板结构对整体空间进行上下层的分割，员工可以自由选择心仪的区域办公。第三，建筑外墙，四面墙上都设置了相同尺寸的开窗，可以为建筑体带来一种独立而充满纪念情怀的氛围，并给人一种经久耐用的感觉。

三、新理念办公室设计案例

（一）Clarks Originals 办公室设计

Suppose Design（假设设计）建筑设计事务所的设计师一直在寻找一种建筑设计的新理念。他们计划打造一间新办公室，并在不同于以往的材料一览表中选出一些常用材料。有人已经对一览表中的材料进行了设计，选用其中的材料意味着借鉴其中的设计。如果设计人员可以通过重新考虑空间设计材料开创一种全新的空间设计理念，那么新的空间设计方案便可在这个过程中自然成形。设计人员自行拆除了项目场地内的结构，并设计了一些合理的拆除方式。拆除环节是空间再造过程的一部分，这个环节可以使人们在新的空间内感知过去的存在。此外，设计人员还为该项目添置了新材料，力求打造一个新老元素共存的空间。这里将成为一个兼具怀旧感与新鲜感的办公空间，这也是设计人员始终秉持的设计理念。

办公室入口处的柜台将用来招待到访办公室的客人。这里将修设一个咖啡间或是酒吧间，有专门的咖啡师或调酒师为人们调制咖啡或是鸡尾酒。这个办公空间不仅可以作为建筑设计工作室使用，还拥有一个不定期售卖多种商品的商店。办公空间面向社会开放，这意味着客户、施工人员、工程师、销售人员、项目有关人员和附近居民均可进出这个办公空间。设计人员希望通过重新考虑办公空间结构、更新办公空间内的"硬件"和"软件"打造一个创新型办公空间，使其与社会紧密地联系起来。

Clarks Originals 来源于享誉百年的英国经典制鞋品牌 Clarks，由 Clarks 家族第四代成员内森·克拉克始创。法国巴黎的 ARRO 工作室对英国萨默塞特郡的一间 300 平方米的仓库进行了改造，为该鞋履品牌打造出全新的设计总部。该项目对多个区域的概念和办公桌、会议桌、手推储物箱、货架、鞋墙、衣柜等家具的设计进行了整合。这个办公空间的主要理念是鼓励设计师、开发人员和产品经理之间的创性和优化交流，在解决挑战的同时，向鞋履的设计渊源致敬。作为 Clarks 于 1825 年在萨默塞特郡创建的第一个产业场所的一部分，这一历史悠久的空间曾是一间制鞋工厂。在此项目中，ARRO 设计团队将整体空间划分成 5 个不同的区域，每个区域都有各自明确的用途，相互融合，共同构成整体空间。作为办公空间的关键要素，一张 8 米长的特色悬空长桌与已有的钢筋互穿网格梁黏合到一起，创建出一个中心连接点，让团队成员能够坐在一起交流和工作。ARRO 设计团队将现代工厂这一特征呈现在他们的设计中，它象征着设计师对历史悠久的 C&L Clarks 周边建筑引人注目的特点的重新解读。这个"现代工厂"既保留了老鞋厂的三角屋顶、中央砌砖烟囱这些复古工业元素，还包含有一个总监办公室、一个储物间和一个大型会议室。

得益于旧工厂原有的大型窗户，这个办公空间拥有非常充足的采光，这也是开放式工作环境的主要成因。连接到天花梁上的大张软木板被整合到一起，并可按需旋转和移动，不仅强化了整体空间的多功能性，同时也能够让员工按照个人意愿重组他们的工作环境。

在办公空间的另一端，ARRO 设计团队打造了一个特别的功能区——"鞋子墙"，用来展示鞋类设计。并安装有可以按动的把手，将墙面变成巨大的壁橱，存放鞋类的同时尽可能地保持样品测试的简易性和合理性。被书架包围的储物间是一个封闭的设施，书架与办公空间形成连续性，面向办公空间中央的悬空工作平台。

部分壁橱采用透明的玻璃板制成。特有的照明系统更是突出了玻璃壁橱多变的外形和特征。休息区位于储存间的另一侧，这里被设计成一个激发灵感和放松心情的天地。在大型窗户周围的休息区内设有小型厨房、酒吧和角落处的大型储存系统，还有一盏 ARRO 设计团队为这个项目特别设计的巨型吊灯。ARRO 设计团队将这个办公环境构思成一座连接创作、聚集、会议、演示和灵感时刻的桥梁，而这些正是 Clarks Originals 进行创新设计的关键。

这是一家纺织公司总部的牛仔研发工作室。该项目的设计理念是建立 R&D 研发人员、产品、配件和材料之间的紧密联系。设计团队对普通场景中的行走、坐立和工作状态进行观察，发现常规的工作场景束缚了研发工作室功能的发挥。因此，设计师决定设计一个灵活动感的整体办公空间，而非局限在某个有限的空间。设计团队提出了一个大胆的概念构想，用一个无限延展的公共平台取代传统的办公桌，因为办公桌的尺寸会限制可用空间的尺寸和人们的行为状态。设计师设计这个研发工作室的目的是解放人们办公时的一贯坐姿，让他们以更加饱满的热情投入到工作中。研发人员可以在空间内自由行走、坐立、工作、开个小会、评估产品（靠近衣架，观察牛仔布、面料和配件等产品），而不是被限定在某个活动区域内，这将在很大程度上丰富研发人员之间及研发人员与空间之间的互动方式，让互动方式变得多样化。80 厘米高的流线型公共平台，上下交错随意分为不同的高度阶梯，并转化成无边界的分隔区域。流畅的曲线和灵活的运动可以提高研发人员的工作效率，材料配色的选择也使产品变得更加突出，方便研发人员评估产品。为了进一步提高照明效果，设计师采用了多种人工照明和自然光照设计，营造出一个宁静舒适、极具工业感的办公环境。

（二）华沙展厅设计

设计师安娜·柴卡开发出所选材料的新用途，将硬纸板设计成管状结构，并将灯泡固定在悬于天花板之上的管状结构内。该项目的设计灵感来源于窗外的风景。站在市中心 25 层高建筑的窗边，人们可以呼吸到新鲜的空气，俯瞰到大型公园的全景，感受大自然给他们带来的自由之感和无限力量。由 Exexe（埃克斯）工作室设计的华沙 Centor 展厅是一个多功能空间，可供工作室的成员们举办多种活动使用。设计师希望打造一个可以激发员工创造力的雅致美观的办公环境。此外，这里也是一个极佳的商务会谈空间，以一种巧妙的方式对 Centor 公司的产品进行展示。三面折叠墙将矩形室内空间划分成几个独立的空间，其中两个空间被用作产品展示区使用。隔墙将这里进一步细分成几个连续的小型空间，每个空间都有不同的用途，分别为：入口空间、（休闲区、花园、接待处、通往夹层的楼梯）办公室和会议室。厨房和卫生间。由于这里是门业公司的产品陈列室，Centor 公司的产品自始至终占有主角地位。四扇 Centor 门与折叠墙可以起到分隔和连接室内外空间的作用。所有新增墙面均负有不同的饰面，以相反的两面展现内部和外部的特色。Centor 门的铝制框架表面多覆有一层木料，这也体现了贯穿于办公空间设计的简单原则。设计师对所选材料进行设计，这样做不仅使得展厅各区域看上去别具一格，还为 Centor 公司带来了更多的订购单。入口空间设置有舒适的家具，让访客在踏进门的瞬间便可感受到家一般的温馨氛围。继续往前走来到展厅的核心区，是一个小型的室内花园兼主要产品展示区。三个可移动的花坛有利于在短时间内对这个非正式聚集场所及其展示的产品进行重新布置。这个绿色空间后面便是接待处服务台，这种有意的布局方式是为了在公司员工和顾客之间形成一种视觉上的联系。服务台本身也是另一种在视觉上联系了其他所有元素的定制构件。桌子有独特的双平面设计，一端为电脑工作区，另一端则用于站立的交流沟通。

接待处上方是一大扇可以看到夹层空间的窗户。通过白色的楼梯可以到达公司技术部分的夹层区。尽管这里比其他空间更为私密，但是玻璃窗的设置将它与整体空间很好地联系在一起。办公室和会议室旁设有厨房和卫生间。展台所用的黑漆胶合板更是突显出办公空间的雅致风格。办公空间内放置有定制的文件柜和黑色 T 型会议桌，会议桌和办公椅一同构成了具有双重功能的迷你家具系列。

这是一间专门为女性群体打造的办公室，她们一星期有六天的时间需要与大量繁杂的数字和文件打交道。在 67.2 平方米的空间内为 8 个人打造出符合人体工程学的功能性工作区、休闲区和厨房是一个相当巨大的挑战。设计师采用玻璃隔断将工作区与其他区域分隔开来。玻璃隔断将整个空间划分成五个功能区的同时，还可起到降低噪音的作用。更重要的是，玻璃隔断可以在视觉效果上扩大空间的面积。

设计师承诺为委托方营造一种舒适的家的氛围。公共区的视觉焦点是装有人工植物的方形玻璃缸。这些植物与融入办公室橱柜设计、充当柜门使用的油画（油画的作者是多纳塔斯·扬考斯卡斯）营造出一种舒适的家的氛围。动态的天花板是一种引人注目的设计元素。最近，AGiI 建筑事务所对该公司的办公室进行了重新改造和装修，打造出一个能够展现公司新形象的创作大厅。

马德里拥有多个住宅开发项目，众多小型企业也在此云集。改造项目位于马德里的混合型住宅区内，在对原创精神进行保护的同时，改造项目还可满足使用者的当前需求；这种原创精神在改造项目的每个细节中均有展现。整个改造项目的基础是如何打造出一个面向庭院的开放办公空间，最大化地利用自然光和室外空间。设计团队决定突出露台的重要性，将室外小路引入办公空间，同时拆除所有不透明的墙面。主要创作区是一个大型的开放区域，多个部门可以在这里协同工作。配备有桌子和定制墙柜的侧厅专门被用来开展团队工作，录音室则被用来进行后期制作工作。改造项目建立在庭院内，将自然光线引入办公空间是项目的关键所在。大门和接待处均位于街道一侧的空间顶层。用木料包裹而成的中央楼梯，从入口处一直延伸到铺有瓷砖的地下室。此外，在空调和照明装饰的设计上，设计团队还充分考虑到了办公空间的节能需求和规划需求。该项目位于墨西哥梅里达北部的一个 10 米 × 20 米的空间内，其设计理念是营造一个打破传统设计风格办公环境。该项目的委托方是一家平面设计工作室，其负责人接受了设计团队意图打破常规、寻求突破的设计理念。整个办公空间有两层高，漂亮的茶卡树是该项目的核心所在，这棵树将整个空间划分成几个部分，营造出一种户外感的同时，还可起到调节微气候的作用。

该项目的总面积为 206 平方米，包含四间办公室，其中两间首席设计师办公室、一间财务室和一间服务办公室。除此之外，还设有接待区、会客室、厨房和两间浴室。设计团队用木材和混凝土材料打造出多间现代化办公室，白色的石灰墙和两层高的举架更是给人一种宽敞明亮的感觉。根据委托方的要求，设计团队将各个空间联系起来，打造出一个更为合理的办公环境。咖啡间的设计也体现了该项目的设计理念，轻松但却专业的氛围不仅有助于员工与客户展开良好的沟通和交流，还可激发员工们的创造性思维。

（三）图片编辑公司办公室设计

Be Funky（时尚）是一家图片编辑应用程序开发公司。这家公司的新办公室位于美国俄勒冈州波特兰的一间 300 平方米的仓库内。这个开放的办公室由办公区、会议室、威士忌酒吧间和厨房组成。委托方希望通过打造一个富有想象力且不过时的办公空间来彰显公司的品牌形象。该项目的设计概念以摄像镜头 I Be Funky 标志的一部分为基础，并在会议室和酒吧间的墙上解构和创造出独具特色的木制隔墙。此外。设计团队还将屏幕光圈元素添加到天花板结构的设计中，将空间内的两个主体结构连接起来。优质的白橡木板贯穿整个空间，在外露结构和混凝土地面的呼应下，给人一种奢华大气的感觉。设计团队还对酒吧间和厨房的白橡木进行了暗斑处理。由于委托方十分喜欢中世纪风格的家具，因此，大家还可以在这里看到设计团队用白橡木打造的办公桌和会议桌。Space10 是一个由罗贝尔代理公司运作的创新实验室。Space10 的底层是一个开放空间，空间内的所有结构均可移动或是根据地下室升降机的要求进行尺寸调整。这样一来，Space10 便可满足多种活动需求，这里不仅可以举办 60 人参加的研讨会，还可举办 150 人出席的演讲活动和展览活动。Space10 展示空间的上面是罗贝尔代理公司和宜家临时员工的办公空间。该项目的设计理念是优化功能空间。为了改变办公空间使用者白天的工作状态，Spoon&X 设计公司设计了四种类型的空间，人们可以坐在常规坐椅上办公、坐在双层结构的上展空间内畅谈或是在休息区休闲放松。未经加工的施工材料和绿色植物营造出一个温馨的绿色环境，给人们带来全新感官体验的同时还可保持室内空气清新。

参考文献

[1] 薛拥军. 广式木雕艺术及其在建筑和室内装饰中的应用研究 [D]. 南京：南京林业大学，2012.

[2] 陈可涵. 长沙首家世茂希尔顿酒店于 7 月 12 月正式开业 [J]. 中国会展（中国会议），2021，（14）：22.

[3] 段端. 建筑室内装饰装修绿色环保设计分析 [N]. 中国建材报，2021-07-29（003）.

[4] 金磊. 实现室内空间一体化满足生活与审美需求——评《住宅空间室内设计》[J]. 山西财经大学学报，2021，43（09）：129.

[5] 城市商业空间编辑手记 [J]. 室内设计与装修，2021，（08）：7.

[6] 薛颖，黄雅堃. 为真实而设计城中村室内设计课程教学实践 [J]. 室内设计与装修，2021，（08）：116-117.

[7] 李璇. 室内装饰设计中传统文化元素的融合分析 [J]. 轻纺工业与技术，2021，50（07）：121-122.

[8] 张黎，谌俊. 论室内空间地面装饰材料的合理选择 [J]. 房地产世界，2021，（14）：13-15.

[9] 涂诗琪. 新中式民宿环境设计 [J]. 艺术大观，2021，（19）：63-64.

[10] 谢志文. 建筑室内环境艺术设计的人才培养 [J]. 艺术大观，2021，（19）：135-136.

[11] 伊文静. 基于服务设计思维的社区养老空间的设计研究 [D]. 哈尔滨：东北林业大学，2021.

[12] 王丹丹. 赫哲族建筑文化在现代民宿设计中的应用研究 [D]. 哈尔滨：哈尔滨师范大学，2021.

[13] 高与浓. 博物馆室内空间设计中的动态应用研究 [D]. 沈阳：鲁迅美术学院，2021.

[14] 贾平. 谈当代软材料在室内空间设计中的运用 [D]. 沈阳：鲁迅美术学院，2021.

[15] 肖园琼. 传承千年工艺——草木染工艺在空间设计风格的创新与发展 [J]. 明日风尚，2021，（12）：133-135.

[16] 许沁玮. 浅析智能家居在室内装饰设计的应用及趋势 [J]. 华东纸业，

2021，51（03）：65-67.

[17] 赵婷婷. "室内装饰构造与实施"课程项目化教学模式的探讨 [J]. 济南职业学院学报，2021，（03）：26-28.

[18] 汪涵. 房屋改造中的室内设计艺术分析 [J]. 艺术品鉴，2021，（17）：82-83.

[19] 陈铁军. 装饰色彩在室内设计中的运用研究 [J]. 明日风尚，2021，（09）：89-90.

[20] 李刚. 浅谈室内设计中光环境设计艺术 [J]. 明日风尚，2021，（09）：107-108.

[21] 张颖泉. 民国家具与室内装饰的典型特征及根源分析 [D]. 南京：南京林业大学，2019.

[22] 谢冠一. 基于空间整体性的室内设计方法研究 [D]. 广州：华南理工大学，2019.

[23] 卢漫. 明清时期扬州地区第宅建筑装修样演变研究 [D]. 南京：东南大学，2018.

[24] 张振辉. 从概念到建成：建筑设计思维的连贯性研究 [D]. 广州：华南理工大学，2017.

[25] 徐虹. 公共建筑室内环境综合感知及行为影响研究 [D]. 天津：天津大学，2017.

[26] 韩颖. 博物馆建筑室内环境的无障碍流线研究 [D]. 南京：东南大学，2016.

[27] 奚协. 从现代设计的摇篮到创意英国——对英国现代设计发展轨迹的思考 [D]. 南京：南京艺术学院，2016.

[28] 李博佳. 新型太阳能空气集热器性能及其在村镇建筑中的应用研究 [D]. 天津：天津大学，2014.

[29] 李延俊. 西北地区乡村住宅采暖模式研究 [D]. 西安：西安建筑科技大学，2014.

[30] 孙春华. 热计量建筑用热模式与耗热量特性研究 [D]. 重庆：重庆大学，2012.